高等职业教育"十三五"规划教材

DANPIANJI YINGYONG JISHU

单片机应用技术

主 编 詹跃明 刘安才

重庆大学出版社

内容提要

本书采用 KEIL 软件为开发平台,系统介绍了 MCS-51 系列单片机的原理与应用技术。全书共 8 章,主要内容包括单片机入门与基础知识、单片机的硬件组成与工作原理、单片机开发软件系统与 C51 基础、并行 I/O 口基本应用、定时器/计数器及中断系统、串行通信、单片机硬件扩展、单片机系统应用等。本书强调以应用为目的,摒弃复杂、难懂的汇编语言学习,代之以易学、易用且功能性、结构性和可移植性都很强的 C 语言作为编程语言,在很大程度上提高了单片机应用系统的学习和开发效率。

本书既可作为高职院校电子信息、自动化、机电一体化、计算机等专业的教材,也可作为从事单片机相关工作的工程技术人员的参考用书。

图书在版编目(CIP)数据

单片机应用技术 / 詹跃明,刘安才主编. -- 重庆:重庆大学出版社,2019.6

ISBN 978-7-5689-1433-8

Ⅰ.①单… Ⅱ.①詹… ②刘… Ⅲ.①单片微型计算机 - 教材
Ⅳ.①TP368.1

中国版本图书馆 CIP 数据核字(2018)第 287075 号

单片机应用技术

主编 詹跃明 刘安才
副主编 张丽艳 景琴琴

责任编辑:鲁 黎 版式设计:鲁 黎
责任校对:张红梅 责任印制:张 策

*

重庆大学出版社出版发行
出版人:饶帮华
社址:重庆市沙坪坝区大学城西路 21 号
邮编:401331
电话:(023)88617190 88617185(中小学)
传真:(023)88617186 88617166
网址:http://www.cqup.com.cn
邮箱:fxk@ cqup.com.cn(营销中心)
全国新华书店经销
重庆市远大印务有限公司印刷

*

开本:787mm×1092mm 1/16 印张:12 字数:302 千
2019 年 6 月第 1 版 2019 年 6 月第 1 次印刷
ISBN 978-7-5689-1433-8 定价:33.00 元

前　言

单片微型计算机(Single Chip Microcomputer, SCM)简称单片机,是嵌入式系统的重要组成部分。由于它最早是为工业控制设计,因而也称微控制器(Micro Controller Unit, MCU)。近年来,单片机以其可靠性强、性价比高的优势,在工业控制系统、数据采科系统、智能化仪器仪表、办公自动化等诸多领域得到广泛的应用。早期的单片机只能用汇编语言编程,其编写的程序复杂、难懂,且硬件相关性高,要求开发人员能清楚知道相关芯片的内部结构,尤其是寄存器结构和存储空间的分配等,这些都限制了单片机应用的推广。单片机 C 语言编译器的出现,有益于单片机系统的开发和应用。

本书在习近平新时代中国特色主义思想指导下,落实"新工科"建设新要求并依据现代职业教育改革的精神而编写。在内容安排上遵循学生掌握知识、技能的认知过程,将单片机的基础知识、技能和实际典型项目进行整体编排,在讲授知识与技能中穿插典型案例,使内容更加生动,便于学生理解、掌握。

本书以 MCS-51 单片机为基础,以 Keil 编译器为工具,强调以应用为目的,摒弃复杂、难懂的汇编语言学习,代之以易学、易用且功能性、结构性和可移植性都很强的 C 语言作为编程语言,在很大程度上提高了单片机应用系统的学习和开发效率。全书分为 8 章,主要包括单片机入门与基础知识、单片机的硬件组成与工作原理、单片机开发软件系统与 C51 基础、并行 I/O 口基本应用、定时器/计数器及中断系统、串行通信、单片机硬件扩展、单片机系统应用等。在应用系统案例中将 MCS-51 的知识与技能点巧妙地融合,做到学以致用。

本书在教学中建议安排 64 课时,其中第 1 章 4 课时,第 2 章 6 课时,第 3 章 10 课时,第 4 章 6 课时,第 5 章 10 课时,第 6 章 4 课时,第 7 章 16 课时,第 8 章 8 课时。

本书由从事多年单片机教学的一线教师和具有工程项目开发经验的高级工程师组成编写团队共同编写,书中内容充分体现以学生为中心、以就业为导向、以能力为本位的教学理念,突出系统性、科学性、趣味性,符合职业院校学生的学习心理、接受能力和行为习惯。

本书由重庆能源职业学院詹跃明、刘安才任主编并统稿，张丽艳、景琴琴任副主编。编写分工如下，第1、2章由刘安才编写，第3、4章由刘安才、景琴琴编写，第5、6章由詹跃明、张丽艳编写，第7、8章由詹跃明编写。

本书在编写过程中得到多位行业企业专家的大力支持，在此表示衷心感谢。

限于编者的水平有限，书中错漏在所难免，恳请广大读者批评指正。

编　者
2018 年 10 月

目录

3

第 **1** 章
单片机基础知识

本章从计算机的基本需求入手,介绍单片机的基础知识,主要包括计算机系统中数据或信息的表示方法,各种进位计数制及其相互转换,基本逻辑门和逻辑运算等,为后续的学习打下良好的基础。

1.1 单片机概述

1.1.1 计算机系统组成

单片机是将计算机的多种基本功能集于单个芯片的大规模集成电路芯片,其工作原理与微型计算机的工作原理相同,两者的技术也是相通的。因此,了解计算机的基本构成及工作原理,有助于单片机的学习。计算机系统包括硬件系统和软件系统,其组成框图如图1.1所示。

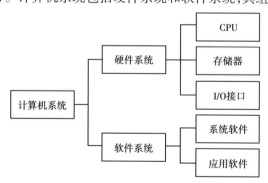

图1.1 计算机系统组成框图

其中,硬件系统包括中央处理器(CPU)、存储器(ROM、RAM)和输入输出(I/O)接口,软件系统包括系统软件和应用软件。

1.1.2 计算机工作过程

计算机的工作流程是在CPU的控制下从存储器中读取程序指令并逐条执行的过程。其指令的执行一般分为两个阶段:取指令阶段和执行指令阶段。

(1)取指令阶段

在 CPU 的控制下,由内部程序指示器形成的指令存储地址,从存储器对应地址中读出要执行的指令,并将该指令传送到指令寄存器中保存。

(2)执行指令阶段

在 CPU 的控制下,由指令译码器(也称微代码译码器)对指令进行译码,产生完成该指令操作所需要的各种定时和控制信号,并执行该指令。

每条指令的执行分为取指令阶段和执行指令阶段两个阶段。因此,计算机的工作过程可以看作自动执行预先存入存储器的程序的过程。

1.1.3 单片机及其特点

单片机是将 CPU、RAM、ROM、定时/计数器和多种 I/O 接口电路集成到一块集成电路芯片上构成的微型计算机。单片机特别适用于控制领域,故又称为微控制器。

单片机主要具有以下特点:

①芯片内存储容量小,但可在外部扩展,通常 ROM、RAM 可分别扩展至 64 KB。

②可靠性高。芯片是按照工业测控环境要求设计的,其抗工业噪声干扰能力优于一般通用的 CPU;程序指令、常数、表格固化在芯片内 ROM 中不易被破坏;许多信号通道均在一个芯片内,故可靠性高。

③易扩展。芯片外部有许多扩展用的总线及并行、串行输入/输出管脚,可方便地构成各种规模的单片机应用系统。

④控制功能强。为了满足工业控制的要求,单片机指令系统中有丰富的指令,包括数据传输指令、算术运算指令、逻辑运算指令、控制转移指令及位操作指令。一般来说,单片机的逻辑控制功能及运行速度均高于同一档次的微处理器。

⑤体积小、功耗低、价格便宜、易于产品化。

1.1.4 单片机应用

单片机的应用可分为单机应用和多机应用。

1)单机应用

单机应用,是指在一个应用系统中只使用一块单片机,这是目前应用最多的方式。单机应用的主要领域有:

(1)智能产品

单片机与传统的机械产品相结合,使传统的机械产品结构简化、控制智能化,构成了新一代的机电一体化产品。例如,在电传打字机的设计中,就因采用单片机而取代了近千个机械部件。

(2)智能仪表

用单片机改造原有的测量、控制仪表,能促使仪表向数字化、智能化、多功能化及柔性化的方向发展,并使测量仪表中的误差修正和线性化处理等难题迎刃而解。由单片机构成的智能仪表,集测量、处理、控制功能于一体,赋予测量仪表新的内涵。单片机智能仪表的这些特点,使传统的仪器、仪表发生了根本的变革。

（3）测控系统

用单片机可以构成各种工业控制系统、自适应控制系统以及数据采集系统等。

（4）数控机床

采用单片机作为机床数控系统的控制机，可以提高机床数控系统的可靠性、增强功能、降低控制成本，并改变数控控制机的结构模式。

（5）智能接口

在计算机系统，特别是较大型的工业测控系统中，除通用外部设备（打印机、键盘、磁盘驱动、CRT）外，还有许多外部通信、采集、多路分配管理以及驱动控制等接口。这些外部设备与接口，如果完全由主机进行管理，势必造成主机负担过重，从而降低系统的运行速度，难以提高接口的管理水平。如果用单片机进行接口的控制与管理，单片机与主机就可以并行工作，大大加快系统的运行速度。另一方面，由于单片机可对接口信息进行加工处理，可以大大减少接口界面的通信密度，极大地提高接口的管理水平。例如，在大型数据采集系统中，用单片机对模/数转换接口进行控制，不仅可以提高采集速度，还可以对数据进行预处理，如数字过滤、线性处理及误差修正等。在通信接口中采用单片机，可以对数据进行编码、解码、分配管理以及处理接收/发送等工作。在一些通用计算机的外部设备上，已实现了单片机的键盘管理以及对打印机、绘图机、硬盘驱动器的控制。

2）多机应用

多机应用是高科技领域应用的主要模式。单片机的高可靠性、控制性以及高运行速度，必然使未来的高科技工程系统采用单片机多机系统成为主要的发展方向。

单片机的多机应用系统可分为功能弥散系统、并行多机处理系统以及局部网络系统。

1.2　计算机中的二进制数

因为计算机是建立在二进制基础之上，且其电路逻辑和处理方法也是按二进制的原则实现的，所以在计算机中所有指令、数据、字符和地址的表示，以及它们的存储、处理和传送，都是以二进制形式进行的。故了解二进制是非常必要的。

1.2.1　二进制数

（1）进位计数制

进位计数制是一种常用的计数方法，计算机中也用进位计数制表示数，其中最常用的进位计数制有二进制、十六进制和十进制三种。那么进位计数制是如何表示的呢？下面以十进制数为例进行说明。例如，十进制数 888.88。

同样的数字符号 8，但从左向右第 1 个 8 的值是 800，第 2 个 8 的值是 80，以下依次为 8，0.8 和 0.08。因此，可把这个数的值展开成幂级数形式：

$$888.88 = 8 \times 10^2 + 8 \times 10^2 + 8 \times 10^0 + 8 \times 10^{-2} + 8 \times 10^{-2}$$

在该式中，可见各位数的值是该位数码乘以一个不同的幂系数，通常把这个幂系数称为该位数的权。数码的位置不同，权的大小也不同，但它们都是 10 的幂次形式。其中整数位的权幂是该数码所在位数减 1，从低位向高位依次为 $10^0, 10^1, 10^2, \cdots$；而小数位的权幂是该位数码位数的负数,从高位向低位依次为 $10^{-1}, 10^{-2}, 10^{-3}, \cdots$。对于十进制数,共有 10 个数码,即 0,1,2,3,4,5,6,7,8,9,数码的个数称为基数,因此十进制的基数为 10,逢 10 进位,各位数的权是 10 的幂。分析可得进位计数制具有如下特点:

- 数码的个数等于进位计数制的基数;
- 逢基数进位;
- 数字的权与其位置有关,且为基数幂的形式。

(2)二进制数

二进制数只有两个数码 0 和 1,因此其基数为 2,逢 2 进位,各位数的权是 2 的幂次。例如,二进制数 1011,其值为十进制数 11。该值是由下式计算出来的:

$$1 \times 2^2 + 0 \times 2^2 + 1 \times 2^1 + 1 \times 2^0 = 8 + 0 + 2 + 1 = 11$$

从上面可以看到,二进制数与十进制数表示同一个数值时,十进制的位数少,二进制的位数多。十进制表达更简洁,但计算机最终执行是以二进制来进行的,因此二进制是计算机运行的基础。

1.2.2　计算机中二进制数的存储单位

在计算机中,表示数据或信息全部用二进制数,数据一般存储在存储器中,常用表示二进制数的 3 个基本单位从小到大排列依次为:位、字节和字。

(1)位

位(bit)是二进制数的最小单位,读作"比特"。在计算机中"位"仅能存放一位二进制数码 1 或 0,一般可用于表示两种状态,如"开"或"关","真"或"假"。

(2)字节

字节(byte)是由 8 位二进制数构成,读作"拜特"。字节是计算机最基本的数据单位,也是衡量数据量多少的基本单位,计算机中的数据、代码、指令、地址基本上以字节为单位进行存储。

(3)字

字(word)是由两个字节的二进制构成,即 16 位二进制数。将两个字构成的定义为双字。这些定义在计算机中只能用于表示二进制数的大小。在计算机系统中,字用于衡量计算机一次性处理数据的能力,把字定义为一台计算机上所能并行处理的二进制数,字的位数(或长度)因此称为字长。字长必须是字节的整数倍。如:MCS-51 单片机字长 8 位,AVR16 单片机字长 16 位,ARM 单片机字长 32 位。

1.2.3　机器数的表示形式

(1)机器数与真值

由于计算机只认二进制数,而实际表示数据,有时需要带上正号(+)、负号(-)。把二进制表示成计算机认识的数,就需要将正、负号进行数值化处理,将正号数值化为一位二进制的"0",负号数值化为一位二进制的"1"。由此转化得到的二进制数称机器数,也就是计算机认识的数,那么转化前带正、负符号的数则称真值。

(2)无符号数与有符号数的机器数表示

无符号数的机器数全部二进制数码只表示数值大小,无正负概念。在计算中常用于表示无正、负概念的数、代码和存储器的地址等。此时的机器数和真值是一样的。

带符号数具有正、负的概念。实际书写需要在数值前添加正负号,例如:

十进制的 +56,转换成二进制数为 +0111000

十进制的 -56,转换成为 -0111000

这样表示的数称真值。计算机内部是无法在二进制数前直接加上正负号的,所以采用符号数值化方法来实现有符号数的表示方法。将代表正号的"0"或代表负号的"1"放到表示数值大小的数码序列的最前面。以计算机中典型基本数据单位,一个字节8位二进制数为例,由一位符号位和七位数值位构成。如:

十进制的 +56,转换成机器数为 00111000

十进制的 -56,转换成机器数为 10111000

由结果可见,机器数最高位表示的是符号位,其余位为数值位。

(3)小数的表示

在数值计算中,小数的存在是不可避免的,计算机中采用了定点数和浮点数两种机器数表示小数点。定点和浮点中的"点"是指小数点。小数点并没有数值化处理。计算机中只是做了数据表示格式的处理。定点数中小数点的位置固定。按小数点在计算机中表示数时规定的位置划分,定点数可分为定点小数和定点整数两种表示方法。浮点数的小数点位置是不固定的。

1.2.4　机器数的原码、反码与补码

机器数有原码、反码和补码3种表示方法。一种数有多种表示方法是简化运算电路和提高运算速度的需要。

(1)原码

原码是二进制数符号数值化以后的表示形式,是机器数的原始表示,是对应于反码和补码的称呼。

(2)反码

正数的反码与原码相同。例如:

十进制数 +76 的原码表示为　[+76]原 = 01001100

十进制数 +76 的反码表示为　[+76]反 = 01001100

十进制数 +0 的反码表示为　[+0]反 = 00000000

负数的反码是由原码转换得到的,转换方法为:符号位不变,数值位按位取反。例如:

十进制数 -76 的原码表示为　[-76]原 = 11001100

十进制数 -76 的反码表示为　[-76]反 = 10110011

十进制数 -0 的原码表示为　[-0]原 = 10000000

十进制数 -0 的反码表示为　[-0]反 = 11111111

(3)补码

正数的补码与原码相同。例如:

十进制数 +8 的原码表示为　[+8]原 = 00001000

十进制数 +8 的反码表示为　[+8]反 = 00001000

十进制数 +8 的补码表示为　[+8]补 = 00001000

十进制数 +0 的补码表示为　　[+0]补=00000000

负数的补码是把反码的最低位加1。例如:

十进制数 -8 的原码表示为　　[-8]原=10001000

十进制数 -8 的反码表示为　　[-8]反=11110111

十进制数 -8 的补码表示为　　[-8]补=11111000

十进制数 -0 的补码表示为　　[-0]补=00000000

原码、反码和补码都是二进制符号数的表示方法,其共同特点是:最高位为符号位,正数的原码、反码和补码相同。由此可见, -0 和 +0 的原码和反码是不同的,而二者的补码是相同的;在计算机中为了保持一致性,正负数都用补码方式表示。此外,还应注意以下两点:

- 负数补码的转换过程是:原码→反码→补码。
- 负数的补码再取补就得到原码,以十进制数 -85 为例进行说明:

[-85]原　　=　11010101

[-85]反　　=　10101010

[-85]补　　=　10101011

[(-85)补]反 =　11010100

[(-85)补]补 =　110101001 = [-85]原

补码在计算机中被广泛采用。补码运算可将符号位当成数据位对待,可把有符号数与无符号数统一起来,并将二进制减法运算变为加法运算,从而给符号数的运算提供方便;也有利于简化运算电路,提高运算速度。

1.2.5　二进制运算

计算机只能进行二进制的算术和逻辑运算,其他复杂的运算和操作是建立在此基础之上的。

1)二进制算术运算

二进制算术运算如十进制加减乘除运算规则。

(1)二进制加法

加法运算规则:0+0=0　　0+1=1　　1+0=1　　1+1=0(向前进位)

(2)二进制减法

减法运算规则:0-0=0　　1-0=1　　1-1=0　　0-1=1(向前借位)

(3)二进制乘法

乘法运算规则:0×0=0　　1×0=0　　0×1=0　　1×1=1

(4)二进制除法

除法运算规则:0÷1=0　　1÷1=1　　1÷0　　0÷0(无意义)

2)二进制逻辑运算

逻辑运算是对逻辑数据进行的运算。因为二进制数具有逻辑属性,故可使用二进制数实现逻辑运算。常用的逻辑运算有4种,即逻辑"与"运算、逻辑"或"运算、逻辑"非"运算和逻辑"异或"运算。逻辑运算的结果数据也是逻辑型的。按位进行运算,不同位之间不发生任何联系,而且每一位的结果要么是"0",要么是"1"。

(1)逻辑"与"

逻辑"与"运算也称逻辑乘法运算,运算符号为"×""∧"或"·"。假定有逻辑变量 A 和

B,逻辑"与"运算的结果为 C,则逻辑"与"运算可表示为:
$$C = A \times B \quad 或 \quad C = A^B \quad 或 \quad C = A \cdot B$$
对于 A 和 B 的不同状态组合,逻辑"与"运算见表 1.1。

表 1.1 逻辑"与"运算

A	B	A^B
0	0	0
0	1	0
1	0	0
1	1	1

由表 1.1 可知,只有两个逻辑变量都为"真"时,逻辑"与"的运算结果才为"真"。能说明逻辑"与"关系的最典型实例是照明电路上的串联开关,如图 1.2 所示。只有 A 和 B 两个开关都闭合时,电灯 C 才能点亮。

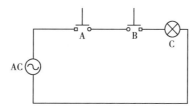

图 1.2 串联开关控制的"与"关系

逻辑"与"运算也是二进制数的一种基本运算。例如,二进制数 10100101 和 11001001 的"与"运算可表示为:

$$
\begin{array}{r}
1\,0\,1\,0\,0\,1\,0\,1 \\
\wedge)1\,1\,0\,0\,1\,0\,0\,1 \\
\hline
1\,0\,0\,0\,0\,0\,0\,1
\end{array}
$$

(2)逻辑"或"

逻辑"或"运算也称为逻辑加法运算,运算符号为" + "或" ∨ "。假定有逻辑变量 A 和 B,逻辑"或"运算的结果为 C,则逻辑"或"运算可表示为:
$$C = A + B \quad 或 \quad C = A \vee B$$
对于 A 和 B 的不同状态组合,逻辑"或"运算见表 1.2。

表 1.2 逻辑"或"运算

A	B	A ∨ B
0	0	0
0	1	1
1	0	1
1	1	1

由表 1.2 可知,在两个逻辑变量中只要有一个为"真",则逻辑"或"运算的结果即为"真"。能说明逻辑"或"关系的例子很多,例如照明电路上的并联开关,如图 1.3 所示。

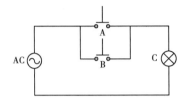

图 1.3　具有逻辑"或"关系的并联开关

A 和 B 两个开关中只要有一个闭合或两个都闭合,都能使电灯 C 点亮。这种开关并联的关系就是典型的逻辑"或"关系。

在计算机的数据处理应用中,有时需要使用二进制数的逻辑"或"运算来实现,因此逻辑"或"运算也是二进制数的一种基本运算。例如,二进制数 00111001 和 10101100 的"或"运算可表示为:

$$
\begin{array}{r}
0\ 0\ 1\ 1\ 1\ 0\ 0\ 1 \\
\lor)1\ 0\ 1\ 0\ 1\ 1\ 0\ 0 \\
\hline
1\ 0\ 1\ 1\ 1\ 1\ 0\ 1
\end{array}
$$

(3)逻辑"非"

逻辑"非"运算也称为逻辑否定,运算符号是"‾"。假定有逻辑变量 A,它的逻辑"非"运算结果为 C,则逻辑"非"运算可表示为:

$$C = \overline{A}$$

逻辑"非"运算就是求反运算,因此,逻辑"非"运算只有两种情况,见表 1.3。

表 1.3　逻辑"非"运算

A	$\overline{A}$
0	1
1	0

(4)逻辑"异或"

逻辑"异或"运算符为"⊕"。假定有逻辑变量 A 和 B,其逻辑"异或"运算结果为 C,则逻辑"异或"运算可表示为:

$$C = A \oplus B$$

对于 A 和 B 的不同状态组合,逻辑"异或"运算见表 1.4。

表 1.4　逻辑"异或"运算

A	B	$A \oplus B$
0	0	0
0	1	1
1	0	1
1	1	0

由表 1.4 可知,逻辑"异或"运算的特点是:当两个变量的逻辑状态相同时,结果为"假";当两个变量的逻辑状态不同时,结果为"真"。例如,二进制数 01010011 和 11001010 的"异或"运算可表示为:

$$
\begin{array}{r}
0\ 1\ 0\ 1\ 0\ 0\ 1\ 1 \\
\oplus)\,1\ 1\ 0\ 0\ 1\ 0\ 1\ 0 \\
\hline
1\ 0\ 0\ 1\ 1\ 0\ 0\ 1
\end{array}
$$

1.3　常用进制数

计算机中使用二进制数,但二进制却给使用者带来许多不便,例如,位数太多、不便书写和阅读等。实际中,程序设计人员在程序中表示数据时很少直接使用二进制,而更多使用与二进制转换方便的其他进制数,如十进制数和十六进制数等。

使用这些进制数更有益于读写方便、直观,这些数据输入计算机后,可借助编译软件将它们转换为二进制数。

1.3.1　十进制数与十六进制数

1)十进制数

十进制数(Decimal)是一种最典型的进位计数制。它具有 0～9 共 10 个数码,其基数为 10,逢 10 进位,各数位的权为 10 的幂。由于编程中可能用到多种进制数,一般在十进制数据后面加后缀"D"或"d",以示区别。

2)十六进制数

十六进制数(Hexadecimal)有 16 个数码,即 0～9,A,B,C,D,E,F,逢 16 进位,各数位的权为 16 的幂。

在程序中使用不同进制数要注意区别,具体做法是:在二进制数后面加标志字符 B(Binary),例如,二进制数 10101100,应写为 10101100B;在十六进制数后面加标志字符 H(Hex),例如,3AFH 或 0CAH,如果十六进制数以字母开头,应在前面加一个 0,以表明是十六进制数而不是字符组合;而十进制数后面什么也不用加,因为编译软件默认无后缀标志的数按十进制数处理。编译软件的默认进制数可以根据需要重新设定。

1.3.2　不同进制数之间的转换

因为在编写程序时可以使用多种进制数,所以有必要知道它们之间的相互转换关系。根据单片机的需要,现只讨论其中部分进制的整数转换。

1)各种进制整数转换为十进制数

各种进制整数转换为十进制数采用"位权展开法"。所谓位权展开法,就是把要转换的数按位展开,各位数乘以相应的权值,然后进行相加运算,其和即为转换所得的十进制数。

【例 1.1】 二进制数 1101 转换为十进制数。

$$1101B = 1 \times 2^2 + 1 \times 2^2 + 0 \times 2^1 + 1 \times 2^0$$
$$= 8 + 4 + 0 + 1$$
$$= 13D$$

【例 1.2】 十六进制数 3FCH 转换为十进制数。

$$3FCH = 3 \times 16^2 + 15 \times 16^2 + 12 \times 16^0$$
$$= 768 + 240 + 12$$
$$= 1020D$$

2）十进制整数转换为二进制数

十进制整数转换为二进制数采用"除 2 取余法"，即把十进制整数连续除以 2，直到其商为 0，然后把各次相除的余数逆序排列，即为转换所得结果。例如，把十进制数 11 转换为二进制数，其运算方法为：

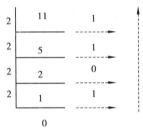

结果：11D = 1011B。

3）十进制整数转换为十六进制数

十进制整数转换为十六进制数与十进制整数转换为二进制数的方法类似，使用的是"除 16 取余法"。例如，十进制数 765 转换为十六进制数，其运算方法为：

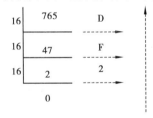

结果：765D = 2FDH。

4）二进制整数与十六进制整数之间的相互转换

十六进制数的 16 个数码正好可以用 4 位二进制数全部组合表示，因此，它们之间的相互转换就可以按"4 位二进制数对应 1 位十六进制数"的原则进行。

（1）二进制整数转换为十六进制数

二进制整数转换为十六进制数的方法是：从右向左按 4 位一组的原则把二进制数分组，分组时若高位部分不足 4 位，则在其前面补 0，然后再将各组的 4 位二进制数分别以等值的十六进制数代替，所得的十六进制数即为转换结果。

例如，把二进制数 1011100101B 转换为十六进制数，应当先把二进制数进行 4 位一组的分组，并以对应的十六进制数表示，即

$$0010 \quad 1110 \quad 0101$$
$$2 \qquad E \qquad 5$$

结果:1011100101B = 2E5H。

（2）十六进制整数转换为二进制数

十六进制整数转换为二进制数的方法是:把每一位十六进制数转换为4位二进制数即可。例如,把十六进制数7AH转换为二进制数,其运算方法为:

$$7 \qquad A$$
$$0111 \qquad 1010$$

结果:7AH = 01111010B。

十进制、二进制和十六进制3种进制数之间的对应关系见表1.5。

表 1.5　3 种进制数的对应关系

十进制数	二进制数	十六进制数	十进制数	二进制数	十六进制数
0	0000	0	8	1000	8
1	0001	1	9	1001	9
2	0010	2	10	1010	A
3	0011	3	11	1011	B
4	0100	4	12	1100	C
5	0101	5	13	1101	D
6	0110	6	14	1110	E
7	0111	7	15	1111	F

1.4　BCD 码 与 ASCII 码

计算机中除了使用数以外,还使用编码。常用的编码有 BCD 码和 ASCII 码。编码分为两类,即数的编码和文字符号的编码。在计算机中使用的编码必须是二进制数。

1.4.1　二—十进制编码

在计算机中最常用的是用二进制数给十进制数编码,即二—十进制编码。若要给一位十进制数编码,则须用4位二进制数。在二—十进制编码中最常用的是 BCD 码。

BCD 码共有 10 个编码,即二进制数 0000 ~ 1001,分别对应十进制数 0 ~ 9。例如,十进制数3的 BCD 码是 0011;9 的 BCD 码是 1001;39 的 BCD 码是把 3 和 9 的 BCD 码连在一起,即 00111001,正好为一字节。BCD 码的特点是:4 位之内为二进制关系,每 4 位之间为十进制关系。

定义 BCD 码是为了便于在计算机中使用十进制数,特别是在输入与输出操作中,例如,从键盘输入的十进制数到计算机中就变为 BCD 码形式。当然这需要有相应的转换程序。有了

11

十进制数的输入和输出,在计算机中就会存在十进制数的存储和计算。但十进制数计算存在调整问题,即十进制调整,以解决 BCD 码运算时因进位和借位产生的偏差。

1.4.2 ASCII 码

文字符号代码用于计算机中表示西文字符、汉字以及各种符号,最常用的文字符号代码是ASCII(American Standard Code for Information Interchange)码和汉字国标码。这里只介绍 ASCII 码。

ASCII 码是"美国信息交换标准代码"的简称。它原是美国的字符代码标准,于 1968 年发表,由于使用广泛,已被国际标准化组织确定为国际标准,成为计算机领域中重要的代码之一。

ASCII 码表见表 1.6。

表 1.6 ASCII 码表

b6b5b4 b3b2b1b0	000	001	010	011	100	101	110	111
0000	NUL	DLE	SP	0	@	P	`	p
0001	SOH	DC1	!	1	A	Q	a	q
0010	STX	DC2	"	2	B	R	b	r
0011	EXT	DC3	#	3	C	S	c	s
0100	EOT	DC4	$	4	D	T	d	t
0101	ENQ	NAK	%	5	E	U	e	u
0110	ACK	SYN	&	6	F	V	f	v
0111	BEL	ETB	'	7	G	W	g	w
1000	BS	CAN	(	8	H	X	h	x
1001	HT	EM	)	9	I	Y	i	y
1010	LF	SUB	*	:	J	Z	j	z
1011	VT	ESC	+	;	K	[	k	{
1100	FF	FS	,	<	L	\	l		
1101	CR	GS	−	=	M	]	m	}
1110	SO	RS	.	>	N	^	n	~
1111	SI	US	/	?	O	_	o	DEL

ASCII 码中的字符和功能符号共计 128 个:其中,字符 94 个,包括十进制数字 10 个,英文小写字母 26 个,英文大写字母 26 个,标点符号及专用符号 32 个,功能符 34 个(字符区首尾两个符号 SP 和 DEL 一般归入功能符)。因为 $2^7 = 128$,所以 128 个字符和功能符使用 7 位二进制数就可以进行编码,此编码即为 ASCII 码。

　　ASCII 码表是一个 16 行×8 列的矩阵,其中行为编码中的后 4 位二进制数(b3b2b1b0),列为编码中的前 3 位二进制数(b6b5b4),合在一起为 7 位二进制编码。例如,字符 A 的编码为 1000001。

　　实际情况中,常用十进制数或十六进制数来表示 ASCII 码。例如,字符 A 的 ASCII 码用十进制数表示为 65,用十六进制数表示则为 41H。

　　7 位 ASCII 码结构是基本 ASCII 码,在计算机中常用字节(8 位)来表示数据。因此,为凑成一个字节,应在 ASCII 码的最高位补 1 个 0。在做奇偶校验处理时,根据奇偶要求,最高位补"0"或补"1",以保证 8 位二进制中"1"的个数为偶数(偶校验),或为奇数(奇校验)。如无校验要求,最高位补"0"。

小　结

　　本章主要讲解计算机系统的五大部分,即运算器、控制器、存储器、输入设备、输出设备,以及实现系统信息交换的三总线(地址总线、数据总线和控制总线)。其内容包括:在计算机系统中数据或信息的表示;计算机识别的二进制数、编程中的十六进制和日常使用的十进制,3 种进制之间的转换;数据的真值和机器数;数的原码、反码和补码;用二进制表示的十进制 BCD 码,字符表示 ASCII 码;基本逻辑门和逻辑运算;数据的存储方式,位单元和字节单元方式。

习　题

一、填空题

1. 无符号二进制数 11001101 转换成十进制数是(　　　),带符号二进制数 11001101 转换成十进制数是(　　　)。

2. 二进制数 00010010 对应的十进制数表示为(　　　),十六进制数表示为(　　　)。

3. 十进制数 +100 的补码为(　　　), -100 的补码为(　　　)。

4. 如一无符号二进制非零整数末尾加一个 0 后,新得无符号二进制数是原数的(　　　)倍。

5. 已知字符 E 的 ASCII 码是十六进制数 45,如果换成 BCD 码是(　　　)。

6. 若系统地址总线有 16 根,可寻址存储器的存储单元个数是(　　　)。

7. 常用二进制数的单位从小到大依次为(　　　)(　　　)和(　　　),对应的英文名称分别是(　　　)(　　　)和(　　　)。

8. 设二进制数 X = 01010110, Y = 10101001。则逻辑运算 X ∨ Y = (　　　),X ∧ Y = (　　　),X ⊕ Y = (　　　)。

9. 机器数 01101110 的真值是(　　　),机器数 10001101 的原码值是(　　　),其真值是(　　　)。

10. 一个完整的计算机系统必须包括(　　　)和(　　　)两个部分。

二、单项选择题

1. 一个 8 位二进制数所能表示的最大有符号数是(　　)。

A. 256　　　　　　 B. 255　　　　　　　 C. 128　　　　　　　 D. 127

2. 两位十六进制数所能表示的二进制数范围是(　　)。

A. 00000000B ～ 11111111B　　　　　 B. –11111111B ～ +11111111B

C. –00000000B ～ +1111111B　　　　 D. –1111111B ～ +0000000B

3. 1 KB 的值等于(　　)。

A. 1024 × 1024 B　　 B. 1000 B　　　　 C. 1024 MB　　　　 D. 1024 B

4. 计算机系统的三总线是(　　)。

A. 地址、数据、控制总线　　　　　　 B. 显示、电源、数据总线

C. 键盘、鼠标、显示总线　　　　　　 D. USB 线、网线、串口线

5. 在存储器中,每个存储单元都被赋予唯一的编号,这个编号称为(　　)。

A. 地址　　　　　　 B. 字节　　　　　　 C. 列号　　　　　　 D. 容量

6. 8 位二进制数所能表示的最大无符号数是(　　)。

A. 256　　　　　　 B. 255　　　　　　　 C. 128　　　　　　　 D. 127

7. 一位压缩 BCD 码对应的二进制数位数是(　　)。

A. 4 位　　　　　　 B. 8 位　　　　　　　 C. 1 位　　　　　　　 D. 2 位

8. 字符"C"的偶校验 ASCII 码是(　　)。

A. 01000011B　　　 B. 11000011B　　　 C. 01000011　　　　 D. 11000011

9. 十进制数45,用 ASCII 码表示,正确的是(　　)。

A. 3435H　　　　　 B. 3435　　　　　　 C. 45H　　　　　　　 D. 4445H

10. 有一个数152,它与十六进制数98相等,那么该数是(　　)。

A. 二进制数　　　　 B. 八进制数　　　　 C. 十进制数　　　　 D. 四进制数

第2章
MCS-51 单片机的结构及原理

本章从硬件设计和程序设计的角度分析 MCS-51 单片机的硬件结构,重点论述其应用特性和外特性,使读者对 MCS-51 单片机的硬件结构有比较详细的了解。

2.1　MCS-51 单片机的结构

Intel 公司于 1976 年推出 MCS-48 系列 8 位单片机之后,在 1980 年推出了 MCS-51 系列高档 8 位单片机。MCS-51 系列的单片机芯片有多种,如 8051、8031、8751、80C51BH、80C31BH 等,它们的基本组成、基本性能和指令系统都是相同的。为叙述方便,下文用 8051 代表 MCS-51系列单片机。

2.1.1　MCS-51 单片机的基本组成

图 2.1 所示为 8051 系列单片机的基本结构方框图。

该系列单片机在一小块芯片上,集成了一个微型计算机的各个组成部分,包括:

①一个 8 位的微处理器 CPU。

②片内数据存储器 RAM(128 B/256 B),用以存放可以读/写的数据,如运算的中间结果、最终结果以及欲显示的数据等。

③片内程序存储器 ROM/EPROM(4 K/8 KB),用以存放程序、一些原始数据和表格。但也有一些单片机内部不带 ROM/EPROM,如 8031、8032、80C31 等。

④4 个 8 位并行 I/O(输入/输出)接口 P0 ~ P3,每一个口可以用作输入,也可以用作输出。

⑤2 个或 3 个定时/计数器都可以设置成计数方式,用以对外部事件进行计数;也可以设置成定时方式,并根据计数或定时的结果实现计算机控制。

⑥5 个中断源的中断控制系统,每个中断源均可设置为高优先级或低优先级。

⑦一个全双工 UART(通用异步接收发送器)的串行 I/O 口,可实现单片机与单片机或其他微机之间串行通信。

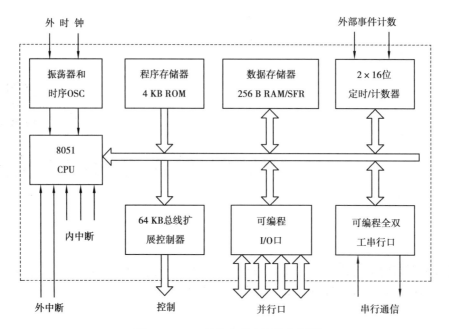

图 2.1　8051 单片机基本结构方框图

⑧片内振荡器和时钟产生电路,但石英晶体和微调电容需要外接,最高允许振荡频率为 12 MHz。

以上各个部分通过内部数据总线相连接。

MCS-51 系列单片机有十多种产品,其性能见表 2.1。

表 2.1　MCS-51 系列单片机性能表

ROM 形式			片内 ROM /byte	片内 RAM /byte	寻址范围	I/O			中断源
片内 ROM	片内 EPROM	外接 EPROM				计数器	并行口	串行口	
8051	8751	8031	4 K	128	2×64 K	2×16	4×8	1	5
80C51	87C51	80C31	4 K	128	2×64 K	2×16	4×8	1	5
8052	8752	8032	8 K	256	2×64 K	3×16	4×8	1	6
80C252	87C252	80C232	8 K	256	2×64 K	3×16	4×8	1	7

由表 2.1 可知,8051 芯片内除具有 CPU(包括控制器与运算器)外,还包括 ROM、RAM、4×8 位并行口、串行口和 2×16 位定时/计数器;但由于 8051 片内为掩膜 ROM,内部程序不能改写,不便于实验开发。如在实验调试中使用 8051,需在片外另扩可改写的 EPROM 或 E^2PROM。

8751 具有片内 EPROM,是真正的单片机,但价格较贵。

8031 只是片内没有 EPROM,但其价格很低,只需在片外扩展一片 EPROM 就可构成 8751。

表 2.1 中单片机型号带"C"表示其所用工艺为 CMOS,具有低功耗的特点。如 8051 功耗为 630 mW,而 80C51 的功耗只有 120 mW,它用于低功耗的便携式产品或航天技术领域中。

MCS-51 系列单片机的温度适用范围较微处理芯片 Z80、芯片 8080 等的温度适用范围大,其温度范围为：

民品（商用）	0 ～ 70 ℃
工业品	-40 ～ 85 ℃
军用品	-55 ～ 125 ℃

一般市场销售品多为工业品,共稳定性、抗干扰性能优于微处理器芯片。

2.1.2　MCS-51 单片机的中央处理器

单片机内部最核心的部分是 CPU,它是单片机的大脑和心脏。CPU 的主要功能是产生各种控制信号,控制存储器、输入/输出端口的数据传送、数据的算术运算、逻辑运算以及位操作处理等。

CPU 从功能上可分为控制器和运算器两部分,下面将分别介绍这两部分组成及功能。

1）控制器

如图 2.2 所示,控制器由程序计数器 PC、指令寄存器、指令译码器、定时控制与条件转移逻辑电路等组成。它的功能是对来自存储器中的指令进行译码,通过定时控制电路,在规定的时刻发出各种操作所需的全部内部和外部的控制信号,使各部分协调工作,完成指令所规定的功能。

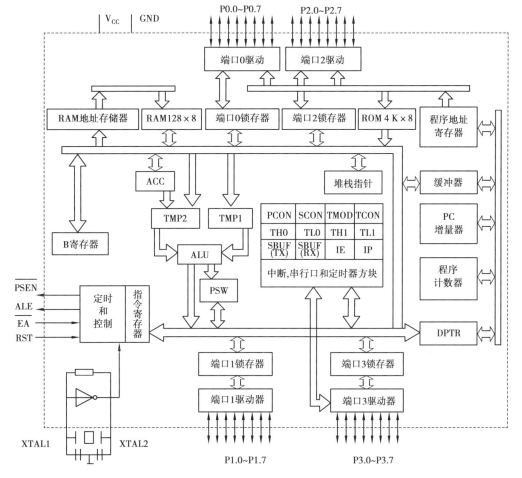

图 2.2　8051 单片机内部结构图

（1）程序计数器

程序计数器（Program Counter PC）是一个 16 位的专用寄存器，用来存放下一条指令的地址。它具有自动加 1 的功能。当 CPU 要取指令时，PC 的内容传送至地址总线上，从存储器中取出指令后，PC 内容便自动加 1，指向下一条指令，以保证程序按顺序执行。

（2）指令寄存器

指令寄存器是一个 8 位的寄存器，用于暂存待执行的指令，等待译码。

（3）指令译码器

指令译码器用来对指令寄存器中的指令进行译码，将指令转变为执行此指令所需要的电信号，根据译码器输出的信号，再经定时控制电路定时产生执行该指令所需要的各种控制信号。

（4）数据指针 DPTR

DPTR 是一个 16 位的专用地址指针寄存器，它主要用来存放 16 位地址，作间接寻址寄存器使用。因为 MCS-51 单片机可以外接 64 KB 的数据存储器和 I/O 端口，对它们的寻址就可使用 DPTR 来间接寻址。它也可以拆成两个独立的 8 位寄存器，即 DPH（高 8 位）和 DPL（低 8 位）。

（5）振荡器及定时电路

8051 单片机内有振荡电路，只需外接石英晶体和频率微调电容（1 个 30 PF 左右），其频率范围为 1.2 ～ 12 MHz，该脉冲信号作为 8051 工作的最基本节拍，即时间的最小单位。8051 同其他计算机一样，在基本节拍的控制下协调工作，就像乐队按着指挥的节拍演奏音乐一样。

2）运算器

运算器由算术逻辑运算部件 ALU、累加器 ACC、暂存器、程序状态寄存器 PSW、BCD 码运算调整电路等组成。为了提高数据处理和位操作功能，片内增加了一个通用寄存器 B 和一些专用寄存器以及位处理逻辑电路。

ALU 的功能十分强，它不仅可对 8 位变量进行逻辑"与"、"或"、"异或"、循环、求补和清 0 等基本操作，还可进行加、减、乘、除等基本运算。ALU 具有一般的微机 ALU 所不具备的功能，即位处理操作功能，它可对位（bit）变量布尔处理，如置位、清 0、求补、测试转移及逻辑"与""或"等操作。由此可见，ALU 在算术逻辑运算及控制处理方面的能力是很强的。

累加器 ACC 是一个 8 位累加器（简称 A），它通过暂存器与 ALU 相连。它是 CPU 工作中使用最频繁的寄存器，用来存一个操作数或结果。

寄存器 B 是为执行乘法和除法操作而设置的，与 ACC 构成寄存器对 AB。而一般情况下可把它当作一个暂存器使用。

程序状态寄存器 PSW 是一个 8 个位寄存器，用于存程序运行中的各种状态信息，PSW 各位的定义如图 2.3 所示。

	D$_7$	D$_6$	D$_5$	D$_4$	D$_3$	D$_2$	D$_1$	D$_0$
PSW	CY	AC	F$_0$	RS$_1$	RS$_0$	OV	F$_1$	P

图 2.3　PSW 各位定义

CY（PSW.7）　进位标志位。在进行加或减运算时，如果操作结果最高位有进位或借位时,CY 由硬件置"1",否则清"0"。在进行位操作时,CY 又可以被认为是位累加器,它的作用相当于 CPU 中的累加器 A。

AC(PSW.6) 半进位标志位,也称辅助进行标位。在进行加或减运算时,低四位向高四位产生进位或借位,将由硬件置"1",否则清"0"。AC 位可用于 BCD 码调整时的判断位。

F$_0$(PSW.5) 用户标志。由用户置位或复位。它可作为用户自定义的一个状态标记。

OV(PSW.2) 溢出标志位。当进行算术运算时,如果产生溢出,则由硬件将 OV 置"1",否则清"0"。

当执行有符号数的加法或减法时,D$_6$ 位有向 D$_7$ 位的进位或借位,即 C$_{6Y}$ = 1 时,而 D$_7$ 位没有向 CY 位的进位或借位,即 C$_{7Y}$ = 0 时,则 OV = 1;或 C$_{6Y}$ = 0,C$_{7Y}$ = 1,则 OV = 1。所以,溢出的逻辑表达式为:

$$OV = C_{6Y} \oplus C_{7Y}$$

因此,溢出标志位在硬件上可以通过一个"异或"获得。溢出即结果超一个字长所能表示的数据范围。例如有符号数字长为 8 位,最高位(D$_7$)用于表示正负号,数据有效位为 7 位,能表示 – 128 ~ + 127 的数,若超出此范围即产生溢出。

【例 2.1】 (+84) + (+105) = +189

(+84) = 01010100B

(= 105) = 01101001B

所以:01010100   (+84)

+ 01101001   (+105)

C$_Y$ = 0   10111101

C$_{6Y}$ = 1   C$_{7Y}$ = 0   OV = C$_{6Y} \oplus C_{7Y}$ = 1$\oplus$0 = 1

在 MCS-51 中,无符号数乘除法运算的结果也会影响标志位。

F$_1$(PSW.1) 用户标志位,同 F$_0$。

P(PSW.0) 奇偶标志位。该位始终跟踪累加器 A 内容的奇偶性。如果有奇数"1",则 P 置"1",否则清"0"。凡是改变累加器 A 中内容的指令均会影响 P 标志位。

此标志位对串行通信中的数据传输有重要的意义,在串行通信中常采用奇偶校验的方法来校验数据传输的可靠性。

RS$_1$RS$_0$(PSW.4 PSW.3) 工作寄存器组指针。用于选择 CPU 当前工作的寄存器组。可由用户用软件来改变 RS$_1$RS$_0$ 的组合,以切换当前选用寄存器组。RS$_1$RS$_0$ 与寄存器组对应关系见表 2.2。

表 2.2 工作寄存器地址表

RS$_1$	RS$_0$	寄存器组	片内 RAM 地址
0	0	第 0 组	00H ~ 07H
0	1	第 1 组	08H ~ 0FH
1	0	第 2 组	10H ~ 17H
1	1	第 3 组	18H ~ 1FH

单片机上电或复位后,$RS_1 RS_0 = 00$,CPU 选中的是第 0 组的 8 个单元为当前工作寄存器。根据需要,用户可以利用传送指令或位操作指令来改变其状态,便于程序中保护现场。

以上所述主要介绍 8051CPU 硬件结构,存储器、定时器、I/O 端口、中断结构、串行口的相关内容将在后文中分别介绍。

2.2　MCS-51 单片机的引脚及功能

MCS-51 系列中各种芯片的引脚是互相兼容的,如 8051 和 8031 均采用 40 引脚双列直插封装(DIP)方式。不同芯片之间引脚功能也略有差异。8051 单片机是高性能单片机,因为受到引脚数目的限制,不少引脚具有第二功能,其中有些功能是 8051 芯片所专有的,如图 2.4 所示。

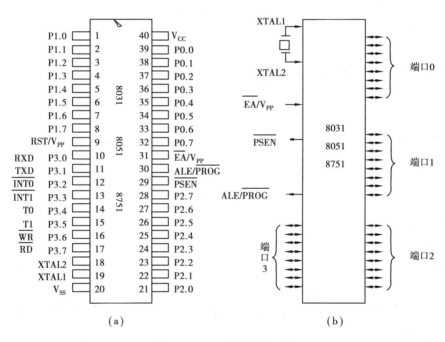

图 2.4　8051 单片机的引脚

各引脚功能简要说明如下:

1)**电源引脚 V_{CC} 和 V_{SS}**

V_{CC}(40 脚):电源端,接 +5 V。

V_{SS}(20 脚):接地端。

2)**时钟电路引脚 XTAL1 和 XTAL2**

XTAL2(18 脚)接外部晶体和微调电容的一端,XTAL1(19 脚)接外部晶体的另一端。使用方法详见 2.4 节。

(1)控制信号引脚 RST、ALE、$\overline{PSEN}$和$\overline{EA}$

①RST/V_{PD}(9 脚)

RST 是复位信号输入端,高电平有效。当此输入端保持两个机器周期(24 个时钟振荡周期)的高电平时,就可以完成复位操作。RST 引脚的第二功能是 V_{PD},即备用电源的输入端。当主电源 V_{CC} 发生故障,降低到低电平规定值时,将 +5 V 电源自动接入 RST 端,为 RAM 提供备用电源,以保证存储在 RAM 中的信息不丢失,复电后能继续正常运行。CHMOS 型单片机的备用电源是由 V_{CC} 端提供的。

②ALE/$\overline{PROG}$(ADDRESS LATCH ENABLE/PROGRAMMING,30 脚)

地址锁存允许信号端。当 8051 上电正常工作后,ALE 引脚不断向外输出正脉冲信号,此频率为振荡器频率 f_{osc} 的 1/6。CPU 访问片外存储器时,ALE 输出信号作为锁存低 8 位地址的控制信号。在 CPU 访问片外数据存储器时,每取指一次(一个机器周期)会丢失一个脉冲。

平时不访问片外存储器时,ALE 端也以 1/6 的振荡频率固定输出正脉冲,因此 ALE 信号可以用作对外输出时钟或定时信号。如果要查看 8051/8031 芯片是否损坏,可用示波器查看 ALE 端是否有脉冲信号输出,如 ALE 端有脉冲信号输出,则表明 8051/8031 芯片正常无损。

ALE 端的负载驱动能为 8 个 LS 型 TTL(低功耗甚高速 TTL)。

此引脚的第二功能$\overline{PROG}$是对片内带有 4 K EPROM 的 8751 编程写入(固化程序)时,作为编程脉冲输入端。

③$\overline{PSEN}$(PROGRAM STORE ENABLE,29 脚)

程序存储允许输出信号端。在访问片外程序存储器时,此端定时输出负脉冲作为读片外存储器的选通信号。此引脚接 EPROM 的$\overline{OE}$端,$\overline{PSEN}$端有效,即允许读出 EPROM/ROM 中的指令码,CPU 在从外部 EPROM/ROM 取指期间,$\overline{PSEN}$信号在每个机器周期(12 个时钟周期)中两次有效。不过,在访问片外 RAM 时,至少产生两次$\overline{PSEN}$负脉冲信号。

$\overline{PSEN}$端同样可驱动 8 个 LS 型 TTL。如果要检查一个 8051/8031 小系统上电后 CPU 能否正常到 EPROM/ROM 中读取指令码,可用示波器查看$\overline{PSEN}$端有无脉冲输出,如有脉冲输出,表明该 CPU 工作正常。

④$\overline{EA}$/V_{PP}(ENABLE ADDRESS/VOLTAGE PULSE OF PROGRAMMING,31 脚)

外部程序存储器地址允许输入端/固化编程电压输入端。当$\overline{EA}$引脚接高电平时,CPU 只访问片内 EPROM/ROM 并执行内部程序存储器中的指令,但在 PC(程序计数器)的值超过 0FFFH(对 8751/8051 为 4 K 时),将自动转向执行片外程序存储器内的程序。

当输入信号$\overline{EA}$引脚接低电平(接地)时,CPU 只访问外部 EPROM/ROM 并执行外部程序存储器的指令,而不管是否有片内程序存储器。对无片内 ROM 的 8031 或 8032,须外扩 EPROM,此时必须将$\overline{EA}$引脚接地。如使用有片内 ROM 的 8051,外扩 EPROM 也是可以的,但也要使$\overline{EA}$接地。

此脚的第二功能 V_{PP} 是对 8751 片内 EPROM 固化编程时,作为施加较高编程电压(一般 21 V)输入端。

(2)I/O(输入/输出)端口(Port)P0、P1、P2 和 P3

①P0 口(P0.0 ～ P0.7,39 ～ 32 脚)

P0 口是一个漏极开路的 8 位双向 I/O 端口。作为漏极开路的输出端口,每位能驱动 8 个 LS 型 TTL 负载。当 P0 口作为输入口使用时,应先向口锁存器(地址 80H)写入全 1,此时 P0 口的全部引脚浮空,可作为高阻抗输入。作输入口使用时要先写 1,这就是准双向的含义。

在 CPU 访问片外存储器(8031)片外 EPROM 或 RAM 时,P0 是分时提供低 8 位地址和 8

位数据的复用总线。在此期间 P0 口内部上拉电阻有效。

对于 8751 单片机,因不需外扩 EPROM,所以 P0 口可作为一个数据输入/输出口。

②P1 口(P1.0 ~ P1.7,1 ~ 8 脚)

P1 口是一个带内部上拉电阻的 8 位准双向 I/O 端口。P1 口的每位能驱动(吸收或输出电流)4 个 LS 型 TTL 负载。

在 P1 口用为输入口使用时,应先向 P1 口锁存器(地址 90H)写入全 1,此时,P1 口引脚由内部上拉电阻拉成高电平。

③P2 口(P2.0 ~ P2.7,21 ~ 28 脚)

P2 口是一个带内部上拉电阻的 8 位准双向 I/O 端口。P2 口的每一位能驱动(吸收或输出电流)4 个 LS 型 TTL 负载。

在访问片外 EPROM/ROM 时,它可输出高 8 位地址。

④P3 口(P3.0 ~ P3.7,10 ~ 17 脚)

P3 口是一个带内部上拉电阻的 8 位准双向 I/O 端口。P3 口的各位能驱动(吸收或输出电流)4 个 LS 型 TTL 负载。

P3 口与其他 I/O 端口有很大区别。它除可作为一般准双向 I/O 端口外,每个引脚还具有专门的功能,见表 2.3。

表 2.3 P3 各口线与第二功能表

口 线	替代的第二功能
P3.0	RXD(串行口输入)
P3.1	TXD(串行口输出)
P3.2	$\overline{INT0}$(外部中断 0 输入)
P3.3	$\overline{INT1}$(外部中断 1 输入)
P3.4	T0(定时器 0 的外部输入)
P3.5	T1(定时器 1 的外部输入)
P3.6	$\overline{WR}$(片外数据存储器写选通控制输出)
P3.7	$\overline{RD}$(片外数据存储器读选通控制输出)

2.3 MCS-51 存储器结构

MCS-51 系列单片机与一般微机的存储器配置方式不同。一般微机通常只有一个地址空间,ROM 和 RAM 可以随意安排在这一地址范围内不同的空间,即 ROM 和 RAM 的地址同在一个队列里分配不同的地址空间。CPU 访问存储器时,一个地址对应唯一的存储器单元,可以是 ROM 也可以是 RAM,并用同类访问指令。此种存储结构称普林斯顿结构。MCS-51 系列单片机的存储器在物理结构上分程序存储器空间和数据存储器空间,这种程序存储器和数据存储器分开的结构称为哈佛结构。

从用户使用的角度,MCS-51 的存储器可分为 5 类:程序存储器、内部数据存储器、特殊功能寄存器(Special Function Register,SFR)、位地址空间和外部数据存储器,其分布情况如图 2.5 所示。

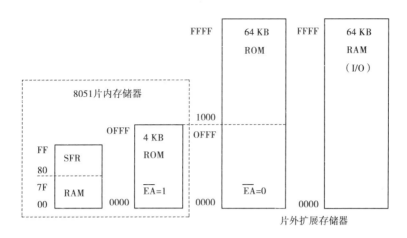

图 2.5　MCS-51 存储器的空间分布图

2.3.1　程序存储器

8051 存储器地址空间分程序存储器(64 KB ROM)和数据存储器(64 KB RAM)。程序存储器用于存放编好的程序和表格、常数。程序存储器通过 16 位程序计数器(PC)寻址,寻址能力为 64 K 字节。这使得程序存储器能在 64 K 地址空间内任意寻址,但没有指令使程序从程序存储器空间转移到数据存储器空间。

8051/8751 的 64 K 程序存储器空间,片内 ROM/EPROM 为 4 K 字节,地址为 0000H ~ 0FFFH,片外最多可扩至 64 K 字节 ROM/EPROM,地址为 1000H ~ FFFFH,片内外是统一编址的。

当引脚EA接高电平时,8051 的程序计数器 PC 在 0000H ~ 0FFFH 范围内(即前 4 K 字节地址)执行片内 ROM 中的程序;当指令地址超过 0FFFH 后,就自动地转向片外 ROM 取指令。

当引脚EA接低电平(接地)时,8051 片内 ROM 不起作用,CPU 只能从片外 ROM/EPROM 中取指令,地址可以从 0000H 开始编址。这种接法特别适用于采用 8031 单片机的场合,由于 8031 片内不带 ROM,因此使用时必须使EA = 0,以便能够从外部扩展 EPROM(如 2764,2732)中取指令。

8051 从片内程序存储器和片外程序存储器取指令执行速度相同。

程序存储器的某些单元是留给系统使用的,见表 2.4。

表 2.4　程序存储器保留的存储单元

存储单元	保留目的
0000H ~ 0002H	复位后初始化引导程序
0003H ~ 000AH	外部中断 0
000BH ~ 0012H	定时器 0 溢出中断
0013H ~ 001AH	外部中断 1
001BH ~ 0022H	定时器 1 溢出中断
0023H ~ 002AH	串行端口中断
002BH	定时器 2 中断(8052 才有)

2.3.2 内部数据存储器

数据存储器用于存放运算中间结果,数据堆栈和缓冲、标志位、待调试的程序等。数据存储器在物理上和逻辑上分为两个地址空间:一个是片内 256 字节的 RAM,另一个是片外最大可扩充 64 KB 的 RAM。

在内部 RAM 中,有 128 字节可随意使用,地址为 00H ~ 7FH。MCS-51 对其内部的 RAM 存储器有很丰富的操作指令,便于用户设计程序。图 2.6 所示为 MCS-51 内部数据库存储器的结构。

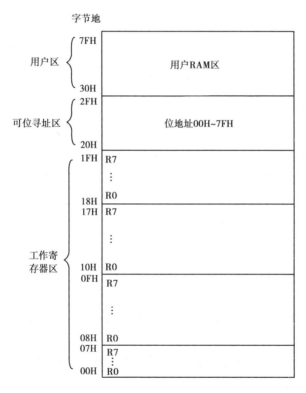

图 2.6 MCS-51 内部数据存储器的结构

地址为 00H ~ 1FH 的 32 个单元是 4 个通用工作寄存器区,每个区含 8 个 8 位寄存器,编号为 R0 ~ R7。在 2.2 中已介绍过,用户可以通过指令改变 PSW 中 RS_1、RS_0 来切换存器区,这种功能便于保护寄存器内容。

地址为 20H ~ 2FH 的 16 个单元可进行位寻址,这些单元构成了布尔处理器的存储器空间。单元中的每一位都有自己位地址,这 16 个单元还可以进行字节寻址。

2.3.3 特殊功能寄存器(SFR)

MCS-51 中的特殊功能寄存器 SFR 是非常重要的。对于单片机应用者来说,掌握了 SFR,也就掌握了 MCS-51。SFR 存在于单片机中,实质上是具有特殊功能的 RAM 单元,其地址范围为 80H ~ FFH。特殊功能寄存器的总数为 21 个,离散地分布在该区域中,其中有些 SFR 还可以进行位地址。

图 2.7 是 SFR 的名称及其分布。

8　字　节

F8									FF
F0	B								F7
E8									EF
E0	A								E7
D8									DF
D0	PSW								D7
C8									CF
C0									C7
B8	IP								BF
B0	P3								B7
A8	IE								AF
A0	P2								A7
98	SCON	SBUF							9F
90	P1								97
88	TCON	TMOD	TL0	TL1	TH0	TH1			8F
80	P0	SP	DPL	DPH				PCON	87

└ 可按位寻址的SFR

图 2.7　SFR 的名称及其分布

图 2.8 所示是可进行位寻址的 SFR 的分布图。

直接字节地址	（高位）		位　地　址					（低位）	硬件寄存器符号
F0H	F7	F6	F5	F4	F3	F2	F1	F0	B
E0H	E7	E6	E5	E4	E3	E2	E1	E0	A
D0H	D7	D6	D5	D4	D3	D2	D1	D0	PSW
B8H	—	—	—	BD	BB	BA	B9	B8	IP
B0H	B7	—	B5	B4	B3	B2	B1	B0	P3
A8H	AF	AE	—	AC	AB	AA	A9	A8	IE
A0H	A7	A6	A5	A4	A3	A2	A1	A0	P2
98H	9F	9E	9D	9C	9B	9A	99	98	SCON
90H	97	96	95	94	93	92	91	90	P1
88H	8FH	8E	8D	8C	8B	8A	89	88	TCON
80H	87	86	85	84	83	82	81	80	P0

图 2.8　可位寻址的 SFR 分布图

从图 2.8 中可发现一个规律,凡是可进行位寻址的 SFR 的字节,其十六制地址的末位,只能是 0H 或 8H。另外,要注意的是,128 个字节的 SFR 块中仅有 21 个字节是有定义的。对尚未定义的字节地址单元,用户不能作寄存器使用;若访问没有定义的单元,则将得到一个不确定的随机数。

下面简单介绍 PC 寄存器及 SFR 中的某些寄存器,其他的 SFR 的寄存器将在有关章节中叙述。

(1)程序计数器 PC

程序计数器 PC 用于存放下一要执行的指令地址,是一个 16 位专用寄存器,可寻址范围为 0 ~ 65535(64 K)。PC 在物理上是独立的,不属于 SFR。

(2)累加器 A

累加器 A 是一个最常用的专用寄存器。它属于 SFR,可写为 ACC,大部分单操作数指令的操作数取自累加器,很多双操作指令的一个操作数取自累加器,加、减、乘、除算术运算指令的运算结果都存放在累加器 A 或 AB 寄存器的对中。

(3)B 寄存器

用在乘除法指令中。乘法指令的两个操作数分别取自 A 和 B,其结果存储在 AB 寄存器对中。除法指令中,被除数取自 A,除数取自 B,商数存放于 A,余数存放于 B。

(4)程序状态寄存器 PSW

PSW 是一个 8 位寄存器,包含程序状态信息,在 2.1 中已介绍过。

(5)栈指针 SP

栈指针 SP 是一个 8 位专用寄存器。它指示堆栈顶部在内部 RAM 块中的位置。系统复位后,SP 初始化为 07H,使得堆栈事实上由 08H 单元开始,考虑到 08H ~ 1FH 单元分别属于工作寄存器区 1 ~ 3,若在程序设计中要用这些区,则最好把 SP 值改为 1FH 或更大的值。MCS-51 的堆栈是向上生成的,例如,若 SP = 60H,CPU 执行一条调用指令或响应中断后,PC 进栈,PCL 保护到 61H,PCH 保护到 62H,(SP) = 62H。

(6)数据指针 DPTR

数据指针 DPTR 是一个 16 位的 SFR,其高位字节寄存器用 DPH 表示,低位字节寄存器用 DPL 表示。DPTR 既可作为一个 16 位寄存器 DPTR 来用,也可作为两个独立的 8 位寄存器 DPH 和 DPL 来用。

(7)端口 P0 ~ P3

特殊功能寄存器 P0 ~ P3 分别为 I/O 端口 P0 ~ P3 的锁存器。

在 MCS-51 中,I/O 口和 RAM 统一编址,没有 Z80 专用的口输入输出(IN、OUT)指令,使用方便。所有访问 RAM 单元的指令,都可用来访问 I/O 口。

(8)串行数据缓冲器 SBUF

串行数据缓冲器 SBUF 用于存放欲发送或已接收的数据。它在 SFR 块中只有一个字节地址,但实际上是由两个独立的寄存器组成,一个是发送缓冲器,另一个是接收缓冲器。当要发送的数据传送到 SBUF 时,进的是发送缓冲器;当要从 SBUF 取数据时,则取自接收缓冲器,取走刚接收的数据。

(9)定时器/计数器

MCS-51 单片机有两个 16 位定时器/计数器 T0 和 T1。它们各由两个独立的 8 位寄存器组成,共有 4 个独立的寄存器:TH0、TL0、TH1、TL1。可对这 4 个寄存器寻址,但不能把 T0 或 T1 当作一个 16 位寄存器来对待。

2.3.4　位地址空间

MCS-51 单片机有一个功能很强的布尔处理器,该处理器实际上是一个完整的一位微计算机,在开关决策、逻辑电路仿真和实时控制方面非常有效。MCS-51 指令系统中有相应的位操作指令,这些指令构成了布尔处理的指令集。在 RAM 和 SFR 中共有 211 个寻址位 00H ~ FFH,其中 00H ~ 7FH 这 128 个位处于内部 RAM 20H ~ 2FH 单元中,如图2.9所示。其余的 83 个可寻址位分布在特殊功能寄存器中。可位寻址的特殊功能寄存器(SFR)单元,其最低的位地址等于其字节地址,且其字节地址的末位都为 0H 或 8H。

RAM
地址(MSB)　　　　　　　　　　　　　　　　　　　　(LSB)

2FH	7F	7E	7D	7C	7B	7A	79	78
2EH	77	76	75	74	73	72	71	70
2DH	6F	6E	6D	6C	6B	6A	69	68
2CH	67	66	65	64	63	62	61	60
2BH	5F	5E	5D	5C	5B	5A	59	58
2AH	57	56	55	54	53	52	51	50
29H	4F	4E	4D	4C	4B	4A	49	48
28H	47	46	45	44	43	42	41	40
27H	3F	3E	3D	3C	3B	3A	39	38
26H	37	36	35	34	33	32	31	30
25H	2F	2E	2D	2C	2B	2A	29	28
24H	27	26	25	24	23	22	21	20
23H	1F	1E	1D	1C	1B	1A	19	18
22H	17	16	15	14	13	12	11	10
21H	0F	0E	0D	0C	0B	0A	09	08
20H	07	06	05	04	03	02	01	00

图 2.9　MCS-51 内部 RAM 位寻址区的位地址

2.3.5　外部数据存储器

MCS-51 单片机内部有 128 个字节的 RAM 作为数据存储器,最多可外扩 64 K 字节的 RAM 或 I/O。

2.4　时钟及复位电路

2.4.1　片内振荡器及时钟信号的产生

8051 芯片内部有一个高增益反向放大器,用于构成振荡器。反相放大器及输入端为 XTAL1,输出端为 XTAL2,分别为 8051 的引脚 19 和 18。在 XTAL1 和 XTAL2 两端跨接石英晶体及两个电容就构成了稳定的自激振荡器,如图 2.10 所示。两个电容取值 30 PF 左右,对振荡频率有微调作用。振荡频率范围为 1.2 ～ 12 MHz。

8051 也可使用外部振荡脉冲信号,由 XTAL2 端引脚输入,直接送至内部时钟电路。因为 XTAL2 的逻辑电平与 TTL 电平不兼容,所以应接一上拉电阻(5.1 kΩ),如图 2.11 所示。

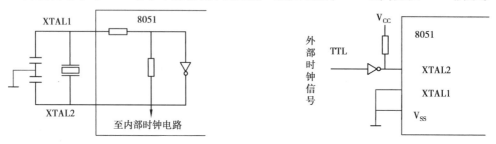

图 2.10　自激振荡器　　　　　　　　　　图 2.11　外接时钟电路

对于 CHMOS 型 51 系列单片机,外部脉冲信号须从 XTAL1 端引脚输入,XTAL2 端悬空。

外部振荡脉冲源方式常用于多块芯片同时工作以便于同步。外部振荡器信号通过一个二分频的触发器成为内部时钟信号,故对外部信号的占空比没有特殊要求,但最小的高电平持续时间应不低于 20 ns。一般情况下,时钟为频率低于 12 MHz 的方波信号。时钟发生器就是上述 2 分频触发器,它向芯片提供一个 2 节拍的时钟信号。在每个时钟的前半周期,节拍 1 信号有效;后半周期,节拍 2 信号有效,如图 2.12 所示。

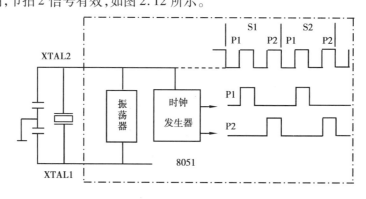

图 2.12　8051 的片内振荡器及时钟发生器

2.4.2　CPU 时序逻辑

1)机器周期和指令周期

计算机的一条指令由若干个字节组成。执行一条指令所需要的时间是以机器周期为单位的。一个机器周期是指 CPU 访问存储器一次所需要的时间。例如取指令、读存储器、写存储器等。有的微处理器系统对机器周期按其功能来命名,在 MCS-51 系统中没有采取这种方法。

MCS-51 的一个机器周期包括 12 个振荡周期,分为 6 个 S 状态:$S_1 \sim S_6$。而每个状态又分为两拍,称为 P1 和 P2。因此,一个机器周期中的 12 个振荡周期表示为 S1P1,S1P2,S2P1,…,S6P2。若采用 6 MHz 晶体振荡器,则每个机器周期恰为 2 μs。

每条指令都由一个或几个机器周期组成。在 MCS-51 系统中,有单周期指令、双周期指令和四周期指令。四周期指令只有乘、除两条指令,其余指令都是单周期或双周期指令。

指令的运算速度和其机器周期数直接相关,机器周期数较少则执行速度快。在编程时要注意选用具有同样功能而机器周期数少的指令。

2)CPU 取指、执行周期时序

每一条指令的执行都包括取指和执行两个阶段。在取指阶段,CPU 从内部或者外部 ROM 中取出指令操作码及操作数,然后再执行这条指令的逻辑功能。

在 8051 指令系统中,根据各种操作的繁简程度,其指令可由单字节、双字节和三字节组成,从机器执行指令的速度看,单字节和双字节指令都可能是单周期或双周期,而三字节指令都是双周期,只有乘、除指令占 4 个周期。此时,执行一条指令的时间(指令周期)分别为2 μs、4 μs 和 8 μs(晶振频率 6 MHz)。

图 2.13 列举了几种典型指令的取指和执行时序。用户可以通过观察 XTAL2 和 ALE 端信号,分析 CPU 取指时序。由图 2.13 可知,在每个机器周期内,地址锁存信号 ALE 两次有效,第一次出现在 S1P2 和 S2P1 期间,第二次出现在 S4P2 和 S5P1 期间。

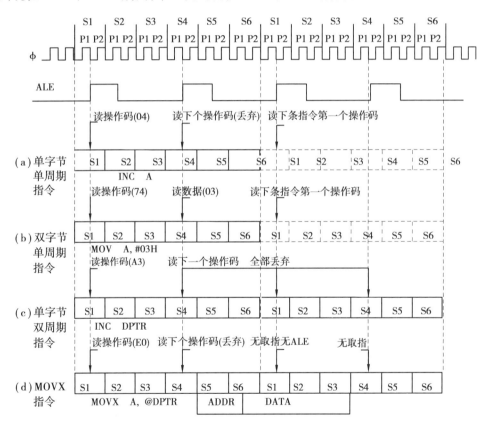

图 2.13　8051 典型指令的取指、执行周期时序

单周期指令的执行始于 S1P2,此时操作码被锁存于指令寄存器内。若是双字节指令,则同一机器周期的 S4 读第 2 个字节。如果是单字节指令,在 S4 仍作读操作,但无效,且程序计数器 PC 不加 1。图 2.13(a)和(b)分别给出了单字节单周期和双字节单周期指令的时序,都在 S6P2 结束时完成执行指令的操作。

图 2.13(c)是单字节双周期指字的时序,两个机器周期内进行 4 次读操作。由于是单字

节指令,故后面3次读操作无效。

图 2.13(d)是访问片外数据存储器指令"MOVX"的时序,它是一条单字节双周期指令。在第一个机器周期 S5 开始送出片外数据存储器的地址后,进行读/写数据。在此期间无 ALE 信号的第二周期不产生取指操作。

注意:当对外部数据 RAM 进行读写时,ALE 信号不是周期性的。在其他情况下,ALE 信号作为一种周期信号,可以给其他外部设备作时钟用。

从时序上讲,算术和逻辑操作一般发生在节拍1期间,片内寄存器之间的数据传送操作发生在节拍2期间。

3)访问片外 ROM 的操作时序

MCS-51 的程序存储器寻址空间为 64 KB。其中 8051/8751 片内包含 4 KB 的 ROM/EPROM,8031 片内不带 ROM。当片内 ROM 不够使用或用 8031 芯片时,需外扩程序存储器 EPROM(见第 4 章的硬件图)。

如果指令是从片外 EPROM 中读取的,除了 ALE 用于低 8 位地址锁存信号之外,控制信号还有 PSEN,PSEN接外扩 EPROM 的OE脚。此外,还要用到 P0 口和 P2 口:P0 口分时用作低 8 位地址和数据总线,P2 口用作高 8 位地址线,相应的时序图如图 2.14(a)所示。

由于在 8051 单片机中 ROM 和 RAM 严格分开,因此对片外 ROM 的操作时序中分为两种情况:即不执行 MOVX 指令的时序,如图 2.14(a)所示,以及执行 MOVX 指令的时序,如图 2.14(b)所示。

(1)应用系统中无片外 RAM

在不执行 MOVX 指令时,P0 口作为地址/数据复用的双向总线,用于输入指令,或用于输出程序存储器的低 8 位地址 PCL。P2 口专门用于输出程序存储器的高 8 位地址 PCH。P2 口具有输出锁存功能,而 P0 口除输出地址外,还要输入指令,故要用 ALE 来锁存 P0 口地址 PCL。在每个机器周期中允许地址锁存器两次有效,在 ALE 下降沿时,锁存出现在 P0 口上的低 8 位地址 PCL。同时PSEN也是每个机器周期中两次有效,用于选通外部程序存储器,使指令读入片内。

系统无片外 RAM 时,ALE 有效信号以 1/6 振荡器频率的恒定速率出现在引脚上,它可以被用来作为外部时钟或定时脉冲。

(2)应用系统中接有片外 RAM

在执行访问片外 RAM 的 MOVX 指令时,程序存储器的操作时序有所变化,其主要原因在于执行 MOVX 指令时,16 位地址应转而指向数据存储器。操作时序如图 2.14(b)所示。在指令输入以前,P2 口、P0 口输出的地址 PCH、PCL 指向程序存储器;在指令输出并判定是 MOVX 指令后,在该机器周期 S5 状态中 ALE 锁存的 P0 口的地址不是程序存储器的低 8 位,而是数据存储器的地址。若执行的是 MOVX A,@ DPTR 或 MOVX @ DPTR,A 指令,则此地址就是 DPL(数据指针的低 8 位);同时,在 P2 口上出现的是 DPH(数据指针的高 8 位)。若执行的是 MOVX A,@ Ri 或 MOMX @ Ri,A 指令,则 Ri 的内容为低 8 位地址,而 P2 口提供了下条指令的高 8 位地址。在同一机器周期中将不再出现PSEN有效取指信号,下一个机器周期中 ALE 的有效锁存信号也不复出现。而当RD/WR有效时,P0 口将读/写数据存储器中的数据。

由图 2.14(b)可看出:①将 ALE 用作定时脉冲输出时,执行一次 MOVX 指令会丢失一个脉冲;②只有执行 MOVX 指令时的第 2 个机器周期期间,地址总线由数据存储器使用。

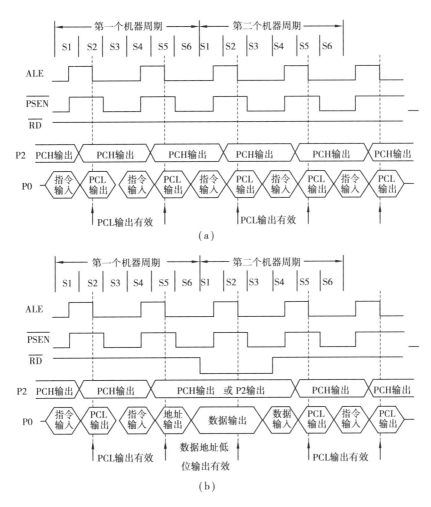

图 2.14　8051 访问片外 ROM 操作时序图

4）访问片外 RAM 的操作时序

这里包括从 RAM 中读和写两种操作时序,但基本过程是相同的。这时所用的控制信号有 ALE 和 $\overline{\text{RD}}$(读)或 $\overline{\text{WR}}$(写)。P0 口和 P2 口仍然要用,在取指阶段用来传送 ROM 地址和指令,而在执行阶段用来传送片外 RAM 地址和读/写的数据。

（1）读片外 RAM 操作时序

8051 单片机若外扩一片 RAM,应将它的 $\overline{\text{WR}}$ 引脚与 RAM 芯片 $\overline{\text{WE}}$ 连接,$\overline{\text{RD}}$ 引脚与芯片 $\overline{\text{OE}}$ 引脚连接。ALE 信号的作用与 8031 外扩 EPROM 作用相同,即锁存低 8 位地址以读片外 RAM 数据。

读片外 RAM 周期时序如图 2.15(a)所示。

在第一个机器周期的 S1 状态,ALE 信号由低变高①,开始了读 RAM 周期。在 S2 状态,CPU 把低 8 位地址送到 P0 口总线上,把高 8 位地址送上 P2 口(在执行 MOVX A,@ DPTR 指令阶段时才送高 8 位;若是 MOVX　A,@ Ri 则不送至高 8 位)。

ALE 的下降沿②用来把低 8 位地址信息锁存在外部锁存器 74LS373 内③。而高 8 位地址信息一直锁存在 P2 口锁存器中。

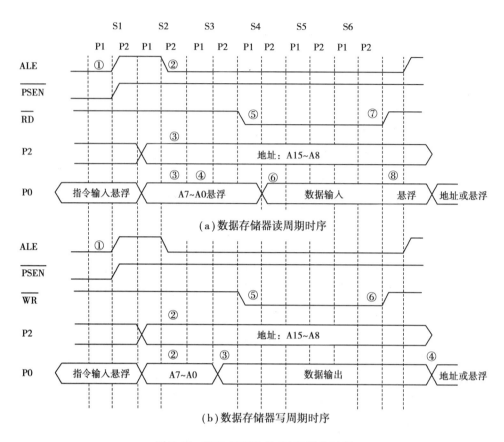

图 2.15　8051 访问片外 RAM 操作时序

在 S3 状态,P0 口总线变成高阻悬浮状态④。在 S4 状态,$\overline{RD}$信号变为有效⑤(是由执行 MOVX A,@ DPTR 后产生$\overline{RD}$信号有效),$\overline{RD}$信号使得被寻址的片外 RAM 略过片刻后把数据送上 P0 口总线⑥,当$\overline{RD}$回到高电平后⑦,P0 总线变为悬浮状态。至此读片外 RAM 周期结束。

(2)写片外 RAM 操作时序

向片外 RAM 写(存)数据,是 8051 执行 MOVX　@ DPTR,A 指令后产生的动作。这条指令执行后,在 8051 的$\overline{WR}$引脚上产生$\overline{WR}$信号有效电平,此信号使 RAM $\overline{WE}$端被选通。

写片外 RAM 的时序如图 2.15(b)所示。开始的过程与读过程类同。但写的过程是 CPU 主动把数据送上 P0 口总线,故在时序上,CPU 先向 P0 总线上送完低 8 位地址后,在 S3 状态,就将数据送到 P0 总线③,此间,P0 总线上不出现高阻悬浮状态。

在 S4 状态,写控制信号$\overline{WR}$有效,选通片外 RAM,稍过片刻,P0 上的数据就写到 RAM 内了。

2.4.3　复位及复位电路

1)复位结构

复位是使 CPU 和系统中其他部件都处于一个确定的初始状态,并从这个状态开始工作。

HMOS 型单片机的复位结构如图 2.16 所示。复位引脚 RST/V_{PD}通过一个施密特触发器与片内复位电路相连。施密特触发器用来抑制噪声,它的输出在每个机器周期的 S5P2 由复位电路采样一次。如果输出一定宽度的正脉冲,单片机便执行内部复位。

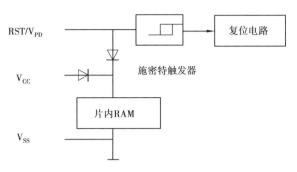

图 2.16　HMOS 型单片机的复位结构

CHMOS 型的单片机复位结构如图 2.17 所示。此处的复位引脚只是单纯地称为 RST,而不是 RST/V_{PD},因为 CHMOS 单片机的备用电源也是由 V_{CC} 引脚提供的。

图 2.17　CHMOS 型单片机的复位结构

无论是 HMOS 型还是 CHMOS 型的单片机,在振荡器正在运行的情况下,其复位都是靠在 RST 引脚加持续至少两个机器周期(24 个振荡周期)的高电平来实现的。在 RST 引脚再现高电平后的第二个机器周期执行内部复位,以后每个机器周期重复一次,直至 RST 端变低。复位后各片内特殊功能寄存器状态见表 2.5。

表 2.5　8051 复位后特殊功能寄存器的状态

寄存器	内　容
PC	0000H
ACC	00H
B	00H
B	00H
PSW	00H
SP	07H
DPTR	0000H
P0 ~ P3	FFH
IP	× ×000000B
IE	0 ×000000B
TMOD	00H
TCON	00H
TH0	00H
TL0	00H
TL1	00H
SCON	00H
SBUF	× × × × × × × ×B
PCON	0 × × ×0000B(CHMOS)
	0 × × × × × ×B(HMOS)

复位时,将 ALE 和$\overline{\text{PSEN}}$置为输入状态,即 ALE = 1 和$\overline{\text{PSEN}}$ = 1。片内 RAM 不受复位的影响。复位后 PC 指向 0000H,使单片机从起始地址开始执行程序。所以当单片机运行出错或进入死循环时,可按复位键重新启动。

2)复位电路

单片机的复位有上电自动复位和手动复位两种。

上电复位电路如图 2.18 所示。

上电瞬间,RST 端与 V_{CC} 相同,随着充电电流的减小,RST 端的电位逐渐下降,只要在 RST 处有足够长时间的阈值以上的电压时就能可靠复位。

按键手动复位电路如图 2.19 所示。该电路是由上述复位电路另加一个 200 Ω 电阻和手动开关组成。实际情况下该电路是上电复位兼按键手动复位电路。当开关常开时为上电复位;当常开键闭合时,相当于 RST 端通过电阻与 V_{CC} 电源接通,提供足够宽度的阈值电压完成复位。此电路很实用。

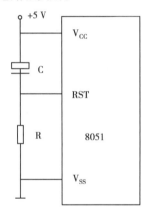
图 2.18 上电复位电路

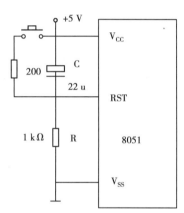
图 2.19 上电复位兼手动复位电路

复位电路虽然简单,但其作用非常重要。一个单片机小系统能否正常运行,首先检查是否能复位成功。初步检查方法,可用示波器探头监视 RST 端,按下复位键,看是否有足够幅度的波形输出,还可以通过改变阻容值进行实验。

小　结

本章从 MCS-51 单片机的硬件结构出发,介绍了单片机的中央处理器(CPU)的组成及作用,从用户的角度分析了单片机各引脚的功能及用途、存储器结构、时序及复位电路,其应用特性和外特性是本章的重点。

习　题

1.8051 单片机内部包含哪些主要逻辑功能部件?

2. 单片机的$\overline{\text{EA}}$端有何功用？ 8031 的$\overline{\text{EA}}$端应如何处理？ 为什么？

3. 如何简便地判断 8051 是否运行工作？

4. 开机复位后,CPU 使用的是哪组工作寄存器？ 它们的地址是什么？

5. 单片机中 CPU 是如何确定和改变当前工作寄存器区的？

6. 8051 的时钟周期、机器周期、指令周期是如何确定的？ 当振荡频率为 6 MHz,一个机器周期为多少微秒？

7. 如何才能使 8051 复位？ 有哪几种复位方式？

8. 8051 的存储器有哪几个空间？ 通过什么信号来区别不同空间的寻址？

9. MCS-51 单片机的程序存储器和数据存储器共处同一地址空间为什么不会发生总线冲突？

10. 简述 8051 片内 RAM 中包含哪些可位寻址的单元。

第**3**章
单片机开发软件系统与 C51 基础

❖❖❖

　　单片机应用系统包括硬件和软件两部分,本章从软件的角度分析 MCS-51 单片机的软件开发环境及程序设计语言,重点论述其软件开发过程和常用软件开发工具,详细讲解单片机 C 语言程序的设计方法,从而使读者对 MCS-51 单片机的软件设计有比较详细的了解。

3.1　单片机开发软件

　　参考例 3.1,介绍单片机开发软件。

　　【例 3.1】　如图 3.1 所示,在 AT89C51 单片机的 P0.0 口上接一个 LED 灯,要求 LED 灯不停地闪烁,时间间隔为 0.2 s。

　　由硬件电路可知,要点亮 LED 灯,P0.0 引脚须输出低电平;要熄灭 LED 灯,P0.0 引脚须输出高电平。因此,可以用 L1 = 0 指令实现对该引脚输出低电平,用 L1 = 1 指令实现对该引脚输出高电平。而 LED 灯闪烁时间间隔 0.2 s,则可采用延时程序来实现。

　　了解系统需要实现的功能后,就可以编写程序。编写程序的思路流程如图 3.2 所示。

　　根据程序流程图,写出单片机 C 语言的源程序:

```
#include < reg51. h >
sbit L1 = P0^0;
void delay02s( void)                //延时 0.2 s 子程序//
{   unsigned char i,j,k;
  for( i = 20;i > 0;i − − )
    for( j = 20;j > 0;j − − )
      for( k = 248;k > 0;k − − )              ;
}
void main( void)
{ while( 1)
      { L1 = 0;                //P0.0 置低电平//
        delay02s( );
```

L1 = 1;　　　　　　//P0.0 置高电平//

delay02s( );

}

}

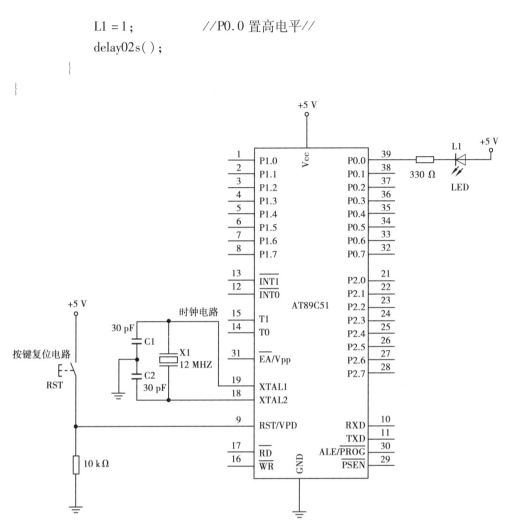

图 3.1　闪烁 LED 灯的电路原理图

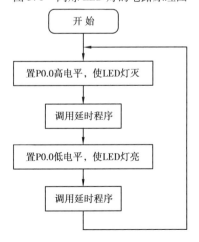

图 3.2　闪烁 LED 灯的编程思路流程图

3.1.1 使用 Keil C51 编译源程序

Keil C51 是 51 系列单片机的开发系统,使用它可以编辑、编译、汇编、连接 C 程序和汇编程序,从而生成在单片机中可进行烧录的.hex 文件。

结合例 3.1,其软件编译过程如下:

【步骤1】打开 μVision2,其开发界面如图 3.3 所示。该界面包括文件工具栏、编译工具栏、工程窗口等。

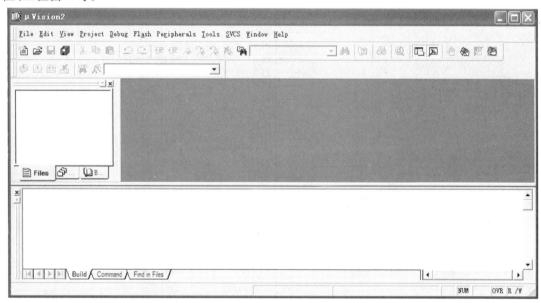

图 3.3　Keil C51 软件界面

【步骤2】新建工程项目,如图 3.4 所示,选择"Project"→"New Project"菜单,在弹出的保存窗口中选择工程文件的保存位置,填写文件名,单击"保存"按钮。

图 3.4　Keil C51 中建立工程项目

【步骤3】在弹出的"CPU 选择"对话框中选择单片机芯片型号(此处选 AT89C51),如图 3.5所示,然后单击"确定"按钮。

【步骤4】单击文件工具栏中的新建文件按钮,在编辑区域编辑 C 语言源程序,编辑完成后,单击文件工具栏中的保存文件按钮,将源程序保存为".c"形式的文件,如图 3.6 所示。

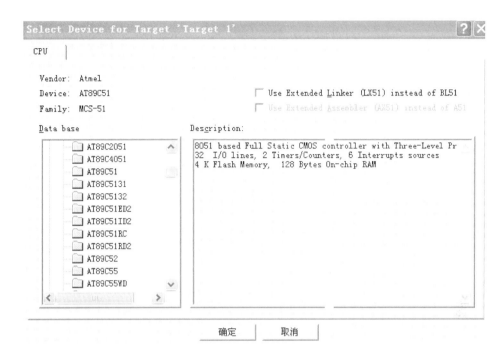

图3.5　选择单片机芯片

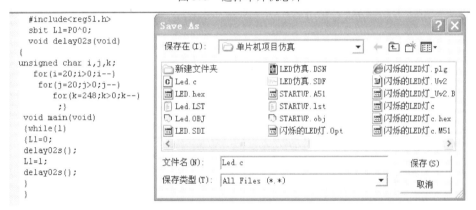

图3.6　建立、编辑与保存文件

【步骤5】在工程窗口的"Source Group 1"文件夹上单击鼠标右键,在弹出的快捷菜单中选择"Add Files to Group'Source Group 1'"选项,在打开的对话框中选择 Led. c 源文件,并单击"Add"按钮将其加入,如图3.7所示。

【步骤6】选择"Project"→"Options for Target'Target 1'"菜单,在弹出的对话框中打开"Target Output"选项卡,如图3.8所示在"Create Hex Fi"选项前画"√"来设置输出选项,然后单击"确定"按钮。

【步骤7】单击编译工具栏的按钮,对汇编源文件进行编译、链接、运行,如图3.9所示。若运行不成功,则将在输出窗口看到错误信息提示,再继续修改程序直到完全正确;若运行成功,则会在保存工程的文件夹中生成".hex"文件,如图3.10所示。

图 3.7 在工程中添加源文件

图 3.8 设置创建 LED.hex 文件的输出选项

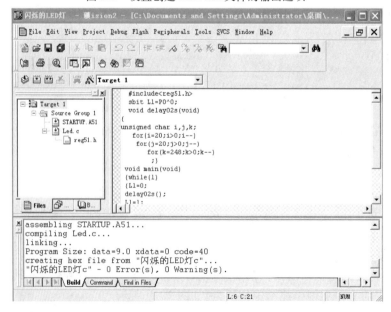

图 3.9 编辑成功的程序文件

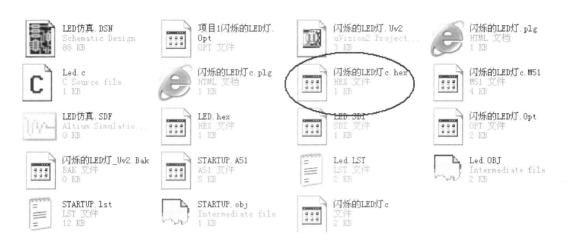

图 3.10　编辑成功后生成可烧录的 .hex 文件

3.1.2　使用 Proteus 系统仿真软件调试并验证系统运行结果

Proteus 是一款优秀的 EDA 软件,使用它可以绘制电路原理图、PCB 图,并进行交互式电路仿真。在单片机软件仿真开发中,可以使用该软件检查系统仿真运行的结果。

结合例 3.1,其软件仿真过程如下所述。

【步骤 1】打开 Proteus ISIS,开发界面如图 3.11 所示。在图 3.11 中,除了常见的菜单栏和工具栏外,还有预览窗口、对象选择器窗口、图形编辑窗口、仿真过程控制按钮等。

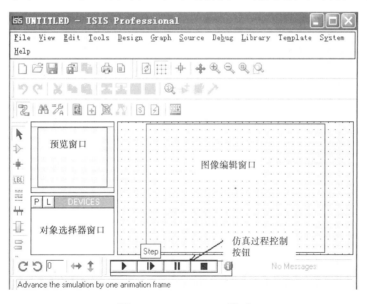

图 3.11　Proteus ISIS 界面

【步骤 2】单击"对象选择器"窗口上方的"P"按钮,弹出如图 3.12 所示的"设备选择"对话框,在"Keywords"文本编辑框中输入芯片型号的关键字,在右侧出现的"结果"窗口中选中所需要的芯片,然后单击"OK"按钮。最后,回到开发主界面,鼠标移入"图形编辑"窗口中会变成笔状,选择合适位置并双击鼠标,芯片就出现了。

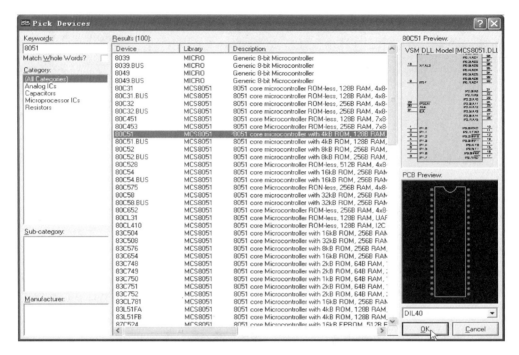

图 3.12　选择单片机芯片

【步骤 3】参照步骤 2 添加芯片的方法,添加发光二极管和电阻。器件添加完成后,再进行导线连接,具体过程可以参阅 Proteus 软件使用等方面的书籍和资料,在此不作详细介绍。导线连接后可得到该项目的硬件系统图,如图 3.13 所示。

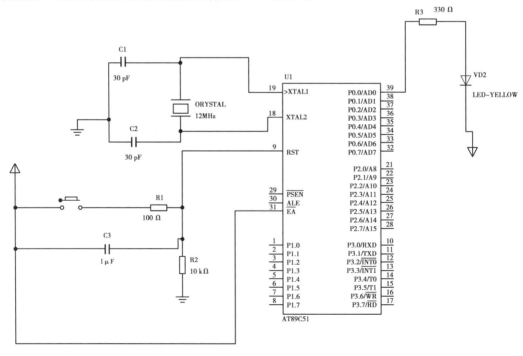

图 3.13　Proteus 下的硬件系统图

【步骤 4】至此系统硬件电路连接已经结束,把鼠标拖到单片机芯片 AT89C51 内,单击鼠标右键会出现一个文件菜单,在其中选择"Add/Remove Source Code Files"选项并单击鼠标,则出现如图 3.14 所示的对话框。在其对话框中加载"闪烁的 LED 灯 c. hex"文件,加载完成后,单击按钮"OK",该文件则添加成功。

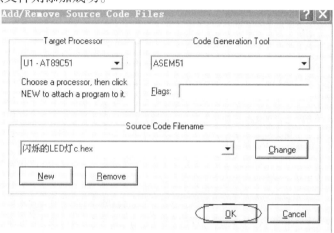

图 3.14　Proteus 下单片机芯片加载". hex"文件图

【步骤 5】加载"闪烁的 LED 灯 c. hex"文件成功后,单击仿真控制按钮的第一个"三角形"箭头(play),按下按键就能运行信号灯闪烁系统了,即 LED 灯开始以 0.2 s 的时间间隔一亮一灭地闪烁,如图 3.15 所示。

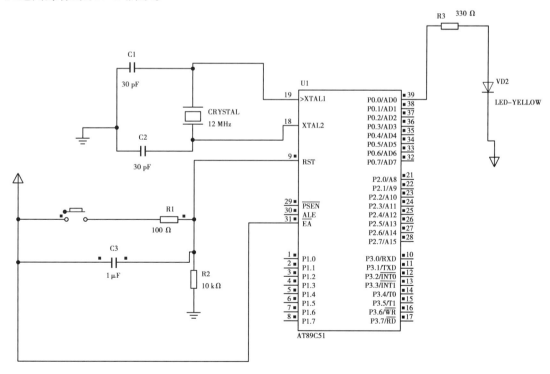

图 3.15　Proteus 下 LED 灯的闪烁效果图

3.2 C51 基础

3.2.1 C51 程序组成与数据结构

目前单片机开发应用中,常使用 C 语言作为汇编语言。采用 C 语言编写的 51 系列单片机应用程序简称 C51 程序。C51 程序对标准 C 程序的扩展主要是通过 51 系列单片机的硬件功能来实现的,其硬件功能有存储模式、存储器类型声明、变量类型声明、位变量和位寻址、特殊功能寄存器、C51 指针、函数属性等。

另外,C51 程序和标准 C 程序在以下方面是不同的:

①库函数不同。C51 程序是按照 51 系列单片机的结构来定义的,标准 C 程序是按照计算机来定义的。

②数据类型不一样。C51 程序中增加了单片机特有的数据类型。

③变量的存储模式不同。C51 程序的存储模式与 MCS-51 单片机的存储器的结构相关。

④输入和输出的方式不一样。C51 程序的输入/输出是通过单片机的串行口完成的,其指令执行前必须对串行口进行初始化。

⑤C51 程序有专门的中断函数。

1)C51 程序的组成

以例 3.1 程序为例介绍 C51 程序的组成结构(语句前的数字代表行号)。

```
1    #include < reg51. h >
2    sbit L1 = P0^0 ;
3    void delay02s( void )              //延时 0.2 s 子程序//
4        {
5        unsigned char i,j,k;
6        for( i = 20 ;i > 0 ;i - - )
7          for( j = 20 ;j > 0 ;j - - )
8            for( k = 248 ;k > 0 ;k - - )
9              ;
10            }
11    void main( void )
12    {
13        while( 1 )
14        {
15            L1 = 0 ;                    //P0.0 置低电平//
16            delay02s( ) ;
17            L1 = 1 ;                    //P0.0 置高电平//
18            delay02s( ) ;
19            }
```

20　　┤

C51 语言程序的组成如下：

（1）预处理命令

1 行，用于编译预处理。

（2）语句

以分号结束作为标志。

C51 语言的语句可分为：

①函数定义语句：3 ~ 10,11 ~ 20。

②变量定义语句：5。

③函数调用语句：16,18。

④控制语句：6,7,8,13。

⑤赋值和运算语句：2,15,17。

⑥空语句："；"。

⑦函数体：4 ~ 10,12 ~ 20。

（3）函数

确定程序或函数的功能，有主函数和子函数之分。void main（void）{…}是主函数；void delay02s（void）{…}是子函数；{…}是函数体。

2）C51 的数据结构

使用单片机 C51 语言编写程序的过程中，离不开数据结构的应用，因此掌握 C51 语言的数据结构与类型非常重要。

（1）C51 的标识符和关键字

标识符就是用户给源程序中的对象的命名。C51 语言的标识符必须以字母或者下划线开头，在 C51 语言中其大小写是不一样的。C51 编译器对标识符的前 32 位有效。变量所用标识符应该有一定的含义，便于阅读源程序。关键字是 C51 语言的特殊标识符，具有固定的名称和含义；且在 C51 语言程序中标识符和关键字不能相同。

Keil μVision2 中的关键字，除了 C 语言的 32 个关键字外，还根据 51 单片机的特点扩展了相关的关键字。即标准关键字和扩展关键字。其标准关键字和扩展关键字分别见表 3.1 和表 3.2。

表 3.1　标准关键字

关键字	用　途	说　明
auto	存储种类说明	用以说明局部变量,系统变量的默认类型
break	程序语句	退出最内层循环
case	程序语句	switch 语句中的选择项
char	数据类型说明	单字节整型数或字符型数据
const	存储类型声明	在程序执行过程中不可更改的常量值
continue	程序语句	转向下一次循环
default	程序语句	switch 语句中的失败选择项

续表

关键字	用　途	说　明
do	程序语句	构成 do…wlile 循环结构
double	数据类型说明	双精度浮点数
else	程序语句	构成 if…else 选择结构
enum	数据类型说明	枚举
extern	存储种类说明	在其他程序模块中已说明的全局变量
float	数据类型说明	单精度浮点数
for	程序语句	构成 for 循环结构
goto	程序语句	构成 goto 转移结构
if	程序语句	构成 if…else 选择结构
int	数据类型说明	基本整型数
long	数据类型说明	长整型数
register	存储种类说明	使用 CPU 内部寄存的变量
return	程序语句	函数返回
short	数据类型说明	短整型数
signed	数据类型说明	有符号数,二级制数据的最高位为符号位
sizeof	运算符	计算表达式或数据类型的字节数
static	存储种类说明	静态变量
struct	数据类型说明	结构类型数据
switch	程序语句	构成 switch 选择结构
trpedef	数据类型说明	重新进行数据类型定义
union	数据类型说明	联合类型数据
unsigned	数据类型说明	无符号数数据
void	数据类型说明	空类型数据
volatile	数据类型说明	该变量在程序执行中可被隐含地改变
while	程序语句	构成 while 和 do…while 循环结构

表 3.2　扩展关键字

bit	位标量声明	声明一个位标量或位类型的函数
sbit	位标量声明	声明一个可位寻址变量
sfr	特殊功能寄存器声明	声明一个特殊功能寄存器
sfr16	特殊功能寄存器声明	声明一个 16 位的特殊功能寄存器
data	存储器类型说明	直接寻址的内部数据存储器(片内 RAM 的低 128 B)
bdata	存储器类型说明	可位寻址的内部数据存储器
idata	存储器类型说明	间接寻址的内部数据存储器
pdata	存储器类型说明	分页寻址的内部数据存储器
xdata	存储器类型说明	外部数据存储器
code	存储器类型说明	程序存储器
interrupt	中断函数说明	定义一个中断函数
reentrant	再入函数说明	定义一个再入函数
using	寄存器组定义	定义芯片的工作寄存器

（2）C51 的数据类型

在标准 C 语言中,其基本数据类型有 int、char、long、short、double、float,而在 C51 编译器中 int 和 short 相同,float 和 double 相同,在此不作说明。其基本数据类型的具体定义见表 3.3。

表 3.3　单片机 C 语言编辑器所支持的基本数据类型

数据类型	长　度	值　域
unsigned char	单字节	0 ~ 255
signed char	单字节	− 128 ~ + 127
unsigned int	双字节	0 ~ 65 535
signed int	双字节	− 32 768 ~ + 32 767
unsigned long	四字节	0 ~ 4 294 967 295
signed long	四字节	− 2 147 483 648 ~ + 2 147 483 647
float	四字节	± 1.175494E − 38 ~ ± 3.402823E + 38
*	1 ~ 3 字节	对象的地址
bit	位	0 或 1
sbit	位	0 或 1
sfr	单字节	0 ~ 255
sfr16	双字节	0 ~ 65 535

①char(字符类型)。char 类型的长度是一个字节,通常用于定义处理字符数据的变量或常量。char 类型分为无符号字符类型 unsigned char 和有符号字符类型 signed char,默认值为 signed char 类型。unsigned char 类型可用字节中所有的位来表示数值,所能表达的数值范围是 0 ~ 255。signed char 类型可用字节中最高位字节表示数据的符号,"0"表示正数,"1"表示负数,负数用补码表示,所能表示的数值范围是 – 128 ~ + 127。unsigned char 常用于处理 ASCII 字符或用于处理小于或等于 255 的整型数。

②int(整型)。int 长度为两个字节,用于存放一个双字节数据。int 类型分为有符号整型数 signed int 和无符号整型数 unsigned int,其默认值为 signed int 类型。signed int 表示的数值范围是 – 32 768 ~ + 32 767,字节中最高位表示数据的符号,"0"表示正数,"1"表示负数。unsigned int 表示的数值范围是 0 ~ 65 535。

③long(长整型)。long 长度为 4 个字节,用于存放一个四字节数据。long 类型分为有符号长整型 signed long 和无符号长整型 unsigned long,默认值为 signed long 类型。signed int 表示的数值范围是 – 2 147 483 648 ~ + 2 147 483 647,字节中最高位表示数据的符号,"0"表示正数,"1"表示负数。unsigned long 表示的数值范围是 0 ~ 4 294 967 295。

④float(浮点型)。float 在十进制中具有 7 位有效数字,是符合 IEEE – 754 标准的单精度浮点型数据,占用 4 个字节。

⑤bit(位标量)。bit 位标量是 C51 编译器的一种扩充数据类型,利用它可定义一个位标量,但不能定义位指针,也不能定义位数组。它的值是一个二进制位,不是"0"就是"1",类似于一些高级语言中的 Boolean 类型中的 True 和 False。

⑥sbit(可寻址位)。sbit 同样是单片机 C 语言中的一种扩充数据类型,利用它能访问芯片内部的 RAM 中的可寻址位。例如:

sbit P1_0 = P1^0   //P1_0 为 P1 中的 P1.0 引脚

⑦sfr(特殊功能寄存器)。sfr 是一种扩充数据类型,占用一个内存单元,值域为 0 ~ 255。利用它能访问 51 单片机内部的所有特殊功能寄存器。例如,用"sfr P0 = 0x80"访问特殊功能寄存器 P0 口,在语句中用 P0 = 255(对 P0 端口的所有引脚置高电平)之类的语句来操作特殊功能寄存器。

⑧sfr16(16 位特殊功能寄存器)。sfr16 占用两个内存单元,值域为 0 ~ 65 535。sfr16 和 sfr 一样都是用于操作特殊功能寄存器,所不同的是,sfr16 用于操作占两个字节的寄存器,如 DPTR。

⑨ * (指针)。指针本身就是一个变量,在这个变量中存放的是指向另一个数据的地址。这个指针变量要占据一定的内存单元,对不同的处理器长度也不尽相同,在 C51 中它的长度一般为 1 ~ 3 个字节。指针变量也有整型、实型、字符型等类型。

(3)C51 中的常量

常量是在程序运行过程中不能改变值的量,而变量则是可以在程序运行过程中不断变化的量。变量可以使用所有 C51 编译器支持的数据类型,而常量的数据类型只有整型、浮点型、字符型、字符串型和位标量。

①整型常量。整型常量可以表示为十进制,如 123、0、– 89 等。十六进制以 0x 开头,如 0x34、– 0x3B 等。长整型就在数字后面加字母 L,如 104L、034L、0xF340 等。

②浮点型常量。浮点型常量可分为十进制和指数两种表示形式。十进制表示:由数字和

小数点组成,如0.888、3345.345、0.0等;若整数部分或小数部分为0,则可以省略,但必须有小数点。指数表示:[±]数字[.数字]e[±]数字。[]中的内容为可选项,其中内容根据具体情况可有可无,但其余部分必须有,如125e3、7e9、-3.0e-3。

③字符型常量。字符型常量是单引号内的字符,如'a''d'等。不可以显示的控制字符,可以在该字符前面加一个反斜杠"\"组成专用转义字符。常用转义字符见表3.4。

表3.4 常用转义字符

转义字符	含 义	ASCII码(十六/十进制)
\o	空字符(NULL)	00H/0
\n	换行符(LF)	0AH/10
\r	回车符(CR)	0DH/13
\t	水平制表符(HT)	09H/9
\b	退格符(BS)	08H/8
\f	换页符(FF)	0CH/12
\'	单引号	27H/39
\"	双引号	22H/34
\\	反斜杠	5CH/92

④字符串型常量。字符串型常量由双引号内的字符组成,如"test""OK"等。当引号内没有字符时表示为空字符串。在使用特殊字符时同样要使用转义字符,如双引号。在C语言中字符串常量是作为字符类型数组来处理的,在存储字符串时系统会在字符串尾部加上 \0 转义字符,以作为该字符串的结束符。字符串常量"A"和字符常量'A'是不同的,前者是字符串,在存储时占用两个字节;后者是字符,在存储时占用一个字节。

⑤位标量。位标量是C51编译器的一种扩充数据类型,它的值是一个二进制位,不是"0"就是"1"。

常量主要用于不必改变值的场合,如固定的数据表、字库等。常量的定义方式有几种,下面加以说明。

unsigned int code a=200; //这一句用code把a定义在程序存储器中并赋值

const unsigned int c=300; //用const定义c为无符号int常量并赋值

这两句的值都保存在程序存储器中,而程序存储器在运行中是不允许被修改的,所以如果在这两句后面用了类似a=110,a++这样的赋值语句,编译时将会出错。

此外,还可以用预定义语句定义常量:

#define False 0x0;

#define True 0x1;

定义False为0,True为1,在程序中用到False编译时自动用0替换,同理True替换为1。

(4)C51中的变量

变量是指在程序运行中不断变化的量。Keil C51中变量的使用与标准C有所不同。正确地使用变量,有利于获得高效的目标代码。下面详细介绍 Keil C51 中变量的使用方法。

Keil C51 中变量定义格式如下:

[存储类型] 数据类型 [存储器类型] 变量名表

①存储类型。存储类型指的是变量的作用域,单片机程序中变量的存储类型可分为自动变量、全局变量、静态变量和寄存器变量。

a. 自动变量(auto):在函数内部或者复合语句中使用的变量。在 C51 中函数或复合语句内部定义自动变量时,关键字 auto 可以省略。在程序执行过程中,自动变量是动态分配空间的。当函数或者复合语句执行完毕后,该变量的存储空间立刻自动取消,此时自动变量失效。

b. 全局变量:以关键字 extern 标识的变量类型。全局变量一般定义在所有函数的外部。全局变量有时又称外部变量。在编译程序时,全局变量将被静态地分配适当的存储空间。该变量一旦分配空间,再在整个程序运行过程中便不会消失,即全局变量对整个程序文件都有效。

c. 静态变量:关键字是 static。从变量的作用域来看,该变量定义在函数内部就是内部静态变量;若定义在函数外部就是外部静态变量,静态变量始终占有内存空间。

d. 寄存器变量(register):存放在单片机内部寄存器中,处理速度快,无须声明,编译器自动识别。

②存储器类型。存储器类型用于指定该变量在 C51 硬件系统中所使用的存储区域,是标准 C 中没有的。存储器类型共有 6 种,见表 3.5。

表 3.5 Keil C51 所能识别的存储器类型

存储器类型	描　　述	
片内数据存储器	data	直接寻址的内片 RAM 低 128 B,访问速度快
	bdata	片内 RAM 的可位寻址区(20H～2FH),允许字节和位混合访问
	idata	间接寻址访问的片内 RAM,允许访问全部片内 RAM
片外数据存储器	pdata	用 Ri 间接访问的片外 RAM 的低 256 B
	xdata	用 DPTR 间接访问的片外 RAM,允许访问全部 64 KB 片外 RAM
程序存储器	code	程序存储器 ROM 64 KB 空间

如果省略存储器类型,系统则会按编译模式 Small、Compact 或 Large 所规定的默认存储器类型去指定变量的存储区域。存储模式决定没有明确指定存储类型的变量。存储模式有 Small 模式、Compact 模式和 Large 模式 3 种。

a. Small 模式:所有缺省变量参数均装入内部 RAM,优点是访问速度快,缺点是空间有限,只适用于小程序。

b. Compact 模式:所有缺省变量均位于外部 RAM 区的一页(256 B),具体哪一页可由 P2 口指定,在 STARTUP. A51 文件中说明,也可用 pdata 指定。其优点是空间比 Small 宽裕;其缺点是速度比 Small 慢,但比 Large 快,是一种中间状态。

c. Large 模式:所有缺省变量可放在多达 64 KB 的外部 RAM 区,其优点是空间大,可存变量多;其缺点是速度较慢。

③Keil C51 变量的使用方法。

　　a. 全局变量和静态局部变量。全局变量一般会在多个函数中被使用,并在整个程序运行期间有效;静态局部变量虽然只在一个函数中使用,但在整个程序运行期间有效。对于这些变量,应尽量选择 data 型,这样在目标代码中就可以用直接寻址指令访问,获得最高的访问速度,提高程序的工作效率。

　　b. 数组(包括全局和局部)。定义数组一般用 idata 存储类型,如果因数组元素过多而在编译时报错,可以改用 pdata 和 xdata 存储类型。

　　c. 供查表用的数据。这类数据的特点是需要始终保持不变,且使用时只读,故定义为 code 型。全局或局部 code 型变量在存储时无区别。

　　d. 非静态局部变量。非静态局部变量仅在某一函数内使用,退出该函数时变量也被释放。若系统使用 Small 存储模式,则对于这些变量可以不加存储说明,由编译软件自行按最优原则决定,因为仅在函数内使用的非静态局部变量,有可能使用工作寄存器 R0~R7,这样会更快速,更节省存储空间。例如,unsigned char i,j;,系统尽可能会用 R0~R7 存储 i 和 j。若系统使用了 Compact 或 Large 存储模式,则应将这些变量定义为 data 存储模式,以防系统自行决定时被定义为 pdata 或 xdata 模式而降低工作效率。

　　④C51 中新增变量。

　　a. 特殊功能寄存器变量 sfr:存储在片内特殊功能寄存器中,用来对特殊功能寄存器进行读/写操作。

　　它的格式如下:

　　sfr　8 特殊功能寄存器名 = 特殊功能寄存器地址常数;

　　sfr　16 特殊功能寄存器名 = 特殊功能寄存器地址常数;

　　例如:sfr P1 = 0x90;定义 P1 口,其地址为 90H;sfr16 DPTR = 0x82;定义 DPTR 口,其地址为 82H。

　　b. 位变量 bit:存储在片内数据存储器的可位寻址字节(20H~2FH)的某个位上,这个变量在实时控制中具有很高的实用价值。

　　它的定义格式如下:

　　bit　位变量;

　　例如:

　　bit data　a1;

　　c. 特殊功能寄存器位变量 sbit:存储在片内特殊功能寄存器的可位寻址字节(地址可以被 8 整除者)的某个位上,用来对特殊功能寄存器的可位寻址位进行读/写操作。sbit 在定义可位寻址对象时有 3 种形式:

　　　　sbit 位变量名 = 位地址常数。

　　例如:

　　　　sbit P1_1 = 0x91

　　　sbit 位变量名 = 特殊功能寄存器名 + 位的位置。

　　例如:

　　　　sft P1 = 0x90,sbit P1_1 = P1^1

　　先定义一个特殊功能寄存器名,然后指定位变量名所在的位置,只有当可寻址位于特殊功能寄存器中时才可以采用这种方法。

sbit 位变量名 = 字节地址^位置。

例如:

sbit P1_1 = 0x90^1

d. 外部数据存储器变量:若设置成 pdata 和 xdata 存储类型,则将把变量存储在片外数据存储器中。这两种存储类型的访问速度最慢,建议尽量不要使用。在使用这两种存储类型时,注意尽量只用它保存原始数据或最终结果,尽量减少对其访问的次数,需要频繁访问的中间结果不要用它保存。

e. 指针变量:单片机 C 语言支持一般指针(Generic Pointer)和存储器指针(Memory_Specific Pointer)。

一般指针:其声明和使用均与标准 C 相同,不过同时还能说明指针的存储类型。

例如:

long * state   // 一个指向 long 型整数的指针,而 state 本身则依存储模式存放

char * xdata ptr   // 一个指向 char 数据的指针,而 ptr 本身放于外部 RAM 区

以上的 long、char 型数据指针指向的数据可存放于任何存储器中,一般指针本身用 3 个字节存放,分别为存储器类型、高位偏移、低位偏移量。

存储器指针:基于存储器的指针在说明时即指定了存储类型。例如:

char data * str;   // str 指向 data 区中 char 型数据

int xdata * pow;   // pow 指向外部 RAM 的 int 型整数

这种指针存放时因为只存放偏移量,所以只需一个字节或两个字节就够了。

⑤变量的赋值。

a. 整型变量和浮点型变量赋值。格式:

变量名 = 表达式;

例如,一个复合语句{int a,m;float n;a = 100;m = 5;n = a * m * 0. a;}。

b. 字符型变量,如{char a0,a1,a2;a0 = 'b';a1 = 65;}。

c. 指针变量,如{int * i;char * str; * i = 100;str = "good";}。

d. 数组的赋值,如{int m[2][2];char s[10];char * f[2];m[0][0] = 8;strcpy(s,"moring");f[0] = "thank you";}。

3)C51 中绝对地址的访问

C51 对片外扩展硬件 I/O 的定义用包含语句#include < absacc. h >建立头文件 absacc. h,用#define 语句定义其硬件译码地址。例如:

#include < absacc. h >

#define PORA XBYTE[0x20f4]   // 将 PORA 定义为片外 I/O 端口,长度为 8 位,地址为 20F4H

头文件 absacc. h 中的函数有:

①CBYTE:访问 code 区,字符型,char。

②DBYTE:访问 data 区,字符型。

③PBYTE:访问 pdata 区域或 I/O 口,字符型。

④XBYTE:访问 xdata 区域或 I/O 口,字符型。

⑤CWORD:访问 code 区,整型,int。

⑥DWORD：访问 data 区，整型。

⑦PWORD：访问 pdata 区或 I/O 口，整型。

⑧XWORD：访问 xdata 区或 I/O 口，整型。

（1）绝对宏

在程序中用#include < absacc. h > 即可使用其中定义的宏来访问绝对地址，包括 CBYTE、XBYTE、PWORD、DBYTE、CWORD、XWORD、PBYTE、DWORD。

例如：

rval = CBYTE[0x0002];// 指向程序存储器的 0002h 地址

rval = XWORD [0x0002];// 指向外 RAM 的 0004h 地址

（2）_at_关键字

直接在数据定义后加上_at_const 即可，需注意的是：

①绝对变量不能被初始化。

②bit 型函数及变量不能用_at_指定。

例如：

idata struct link list _at_ 0x40； //指定 list 结构从 40h 开始

xdata char text[25b] _at_0xE000；

                                //指定 text 数组从 0E000H 开始

3.2.2　C51 运算与构造数据类型

1）运算符

运算符是完成某种特定运算的符号。运算符按其表达式中运算对象与运算符的关系可分为单目运算符、双目运算符和三目运算符。单目要求有一个运算对象，双目要求有两个运算对象，三目则要求有 3 个运算对象。表达式是由运算及运算对象所组成的具有特定含义的式子。

（1）赋值运算符

赋值语句格式如下：

变量 = 表达式；

例如：

a = 0xFF；　　　　　　// 将常数十六进制数 FF 赋予变量 a

b = c = 33；　　　　　// 同时赋值给变量 b,c

f = a + b；　　　　　　// 将变量 a + b 的值赋予变量 f

由上面的例子可以看出，赋值语句的意义就是先计算出" = "右边表达式的值，然后将得到的值赋给左边的变量，而且右边的表达式也可以是一个赋值表达式。如果赋值运算符号两边的数据类型不一致，则系统将自动进行类型转换。转换方法是把赋值符号右边的类型转换成左边的类型，具体规定如下：

①实型赋给整型：舍去小数部分。

②整型赋给实型：数值不变，必须以浮点形式存放（增加小数部分，小数部分的值为 0）。

③字符型赋给整型：因为字符型为一个字节，整型为两个字节，因此需将字符的 ASCII 码值放到整型量的低八位中，高八位补 0。

53

④整型赋给字符型:只把低八位赋给字符量。

(2)算术运算符

C51 的算术运算符如下:

+　加或取正值运算符　－　减或取负值运算符

*　乘运算符　　/　除运算符　　%　取余运算符

其中,只有取正值和取负值运算符是单目运算符,其他都是双目运算符。注意在除法运算中,如果两个浮点数相除,其结果为浮点数,如 8.0/4.0 = 2.0,而两个整数相除,结果为整数,如 8/3 = 2。

算术表达式的形式如下:

表达式 1　算术运算符　表达式 2

例如:a + b * (10 - a),(x + 9)/(y - a)。

(3)关系运算符

对于关系运算符,在 C 中有 6 种关系运算符:>（大于）,<（小于）,> =（大于等于）, < =（小于等于）,= =（等于）,! =（不等于）。

在关系运算中,关系运算符的优先级别为:前四个具有相同的优先级,后两个也具有相同的优先级,但是前四个的优先级高于后两个。关系运算的结果只有"0"和"1"两种,即逻辑的真和假。

关系表达式的形式如下:

表达式 1 关系运算符 表达式 2

例如:(I = 4) < (J + 1)。

(4)逻辑运算符

逻辑运算符有 3 个:&&（逻辑与）,||（逻辑或）,!（逻辑非）。

逻辑运算符是对逻辑量运算的表达,结果要么是真(非 0),要么是假(0)。

逻辑表达式的一般形式如下:

逻辑与:条件式 1 && 条件式 2。

逻辑或:条件式 1 || 条件式 2。

逻辑非:! 条件式 2。

逻辑运算符也有优先级别:!（逻辑非）→&&（逻辑与）→||（逻辑或）,逻辑非的优先值最高。

(5) + +(增量运算符)和 - -(减量运算符)

这两个运算符是 C 语言中特有的一种运算符。其作用就是对运算对象作加 1 和减 1 运算。要注意的是:运算对象在符号前和符号后,其含义都是不同的。

①i + +（或 i - -）的含义是先使用 i 的值,再执行 i + 1(或 i - 1)。

② + +i（或 - -i）的含义是先执行 i + 1(或 i - 1),再使用 i 的值。

(6)位运算符

位运算符的作用是按位对变量进行运算,但是并不改变参与运算的变量的值。如果要求按位改变变量的值,则要利用相应的赋值运算。注意:位运算符是不能用来对浮点型数据进行操作的。C51 中共有 6 种位运算符。

位运算的一般表达形式如下:

变量1位　运算符　变量2

位运算符也有优先级,从高到低依次是: ~ (按位取反)→ < < (左移)→ > > (右移)→ & (按位与)→ ^ (按位异或)→ | (按位或)。

(7)复合赋值运算符

复合赋值运算符就是在赋值运算符" = "的前面加上其他运算符。C语言中的复合赋值运算符: + = 加法赋值, - = 减法赋值, × = 乘法赋值, / = 除法赋值,% = 取模赋值,& = 逻辑与赋值, | = 逻辑或赋值, ^ = 逻辑异或赋值, - = 逻辑非赋值, < < = 左移位赋值, > > = 右移位赋值。

复合运算的一般形式如下:

变量 复合赋值运算符 表达式

例如:a + = 56 等价于 a = a + 56, y/ = x + 9 等价于 y = y/(x + 9)。

(8)逗号运算符

C语言中逗号是一种特殊的运算符,可以用它将两个或多个表达式连接起来,形成逗号表达式。

逗号表达式的一般形式如下:

表达式1,表达式2,表达式3,…,表达式n

逗号运算符组成的表达式在程序运行时,从左到右计算出各个表达式的值,而整个用逗号运算符组成的表达式的值等于最右边表达式的值,即"表达式n"的值。例如:

```
void main( )
{   int a = 3,b = 4,c = 7,m,n;
    n = (m = (a + b)),(b + c);
    printf("n = % d,m = % d",n,m);
}
```

程序的结果为:n = 11,m = 7。

(9)条件运算符

C语言中有一个三目运算符,即"?:"条件运算符,它要求有3个运算对象。

条件表达式的一般形式如下:

逻辑表达式? 表达式1 :表达式2

条件运算符的作用就是根据逻辑表达式的值选择使用表达式的值。当逻辑表达式的值为真(非0值)时,整个表达式的值为表达式1的值;当逻辑表达式的值为假(值为0)时,整个表达式的值为表达式2的值。例如,min = (a < b)? a:b,如果 a < b 成立,min = a,否则,m = b。

(10)指针和地址运算符

C语言中提供了两个专门用于指针和地址的运算符:

① * :取内容。

② & :取地址。

取内容和地址的一般形式如下:

变量 = * 指针变量

指针变量 = & 目标变量

取内容运算是将指针变量所指向的目标变量的值赋予左边的变量;取地址运算是把目标

变量的地址赋予左边的变量。

2）C51 的构造数据类型

（1）数组

数组就是一组具有相同数据类型的数的有序集合。其特点是数组中的数必须是同一种类型，这些数必须按照一定次序存放，数组的下标表示数的存放次序。数组可分为一维、二维、三维和多维数组。

例如，数组 a[10] 的元数分别是：

a[0]，a[1]，a[2]，…，a[9]。

①一维数组。一维数组的定义方式如下：

数据类型 数组名[常量表达式]；

数据类型说明数组中各个元素的类型；数组名是整个数组的标识符，它的定名方法与变量一样；常量表达式说明了该数组的长度，必须用[ ]括起来，且不能含有变量。

数组必须先定义，后使用。C 语言规定只能逐个引用数组元素，而不能一次引用整个数组。

一维数组在计算机内是怎样存储的呢？在编译时，系统根据数组的定义为数组分配一个连续的存储区域，数组中的元素按照下标由小到大的次序连续存放，下标为 0 的元素排在前面，每个元素占据的存储空间大小与同类型的简单变量相同。例如：

int a[5]；

数组 a 中每个元素在内存中占 2 个字节的存储空间，其示意图如下：

a[0]	a[1]	a[2]	a[3]	a[4]

对数组进行如下初始化：

将各数组元素的初值写在花括号中，用逗号隔开，并从数组的 0 号元素开始依次赋值给数组的各个元素。例如，int a[10] ＝{0,1,2,3,4,5,6,7,8,9}，经过定义和初始化之后，a[0] ＝0，a[1] ＝1，a[2] ＝2，a[3] ＝3，a[4] ＝4，a[5] ＝5，a[6] ＝6，a[7] ＝7，a[8] ＝8，a[9] ＝9。

②二维数组。二维数组的定义方式如下：

类型说明符 数组名[常量表达式1] [常量表达式2]；

例如：

int a[3][4]，b[5][5]；

定义 a 为 3 × 4(3 行 4 列)的数组，b 为 5×5(5 行 5 列)的数组。注意不要写成：

int a[3,4]，b[5,5]；

在 C 语言中，可以把二维数组看成一种特殊的一维数组，它的元素是一个一维数组。例如，int a[3][4]，可以把 a 看作一个一维数组，它有 3 个元素 a[0]、a[1]、a[2]，每个元素又是一个包含 4 个元素的一维数组，即

a { a[0]———a[0][0] a[0][1] a[0][2] a[0][3]
    a[1]———a[1][0] a[1][1] a[1][2] a[1][3]
    a[2]———a[2][0] a[2][1] a[2][2] a[2][3]

在内存中，二维数组元素的存放顺序是按行存放，即在内存中先顺序存放第一行的元素，

再存放第二行的元素,依次类推。例如,int a[3][4],数组 a 中每个元素在内存中占 2 个字节的存储空间,其示意图如下:

a[0][0]	a[0][1]	a[0][2]	a[0][3]	a[1][0]	a[1][1]	a[1][2]	a[1][3]	a[2][0]	a[2][1]	a[2][2]	a[2][3]

③字符数组。字符数组的定义和其他数组的定义相类似。类型说明符为 char。

三维数组的定义方式如下:

char　数组名[下标];

例如:

char b[10];

b[0] = 'T';b[1] = 'h';b[2] = 'a';b[3] = 'n';b[4] = 'k';b[5] = ' ';b[6] = 'y';b[7] = 'o';b[8] = 'u';b[9] = '!';

此例中用赋值语句给字符数组赋初值。

字符数组的每一个元素只能存放一个字符(包括转义字符)。数组在内存中的存储状态如下:

b[0]	b[1]	b[2]	b[3]	b[4]	b[5]	b[6]	b[7]	b[8]	b[9]
T	h	a	n	k		y	o	u	!

字符是以 ASCII 码的形式存储在内存中的,字符数组的任一元素相当于一个字符变量。

在 C 语言中,不提供字符串数据类型,字符串是存放在字符数组中的。C 语言规定:以"\0"作为字符串结束标志。因此,在用字符数组存放字符串时,系统自动在最后一个字符后加上结束标志"\0",表示字符串到此结束。因此,在定义字符数组时,数组长度至少要比字符串中字符个数多 1,以便保存字符"\0"。

查表是数组的一个常用的功能。例如,摄氏温度转换成华氏温度:

```
#define uchar unsigned char
uchar code tempt[ ] = {32, 34, 36, 37, 39, 41};
/*数组,设置在 EPRPM 中,长度为实际输入的数值数*/
uchar ftoc( uchar  degc)
{
    return  tempt[ degc ]; /*返回华氏温度值*/
}
main( ){
  x = ftoc (5); /*返回华氏温度值*/
}
```

(2)指针

指针变量的定义与一般变量的定义类似,其形式如下:

数据类型[存储器类型 1]＊[存储器类型 2]标识符;

[存储器类型 1]表示被定义为基于存储器的指针,无此选项时,被定义为一般指针。这两

种指针的区别在于其存储字节不同。一般指针在内存中占用 3 个字节,第一个字节存放该指针存储器类型的编码(在编译时由编译模式的默认值确定),第二和第三字节分别存放该指针的高位和低位地址偏移量。

[存储器类型 2]用于指定指针本身的存储器空间。存储器类型的编码值如下:

存储类型 I	idata/data/bdata	xdata	pdata	Code
编码值	0x00	0x01	0xFE	0xFF

C51 支持一般指针和存储器指针。

①一般指针。一般指针的声明和标准 C 一样,不过声明的同时可以说明指针的存储类型。例如:

long * state;   // 指向 long 型整数的指针,而 state 本身依存储模式存放

char * xdata ptr;   // 指向 char 型数据的指针,而 ptr 本身存放于外部 RAM

上述定义的是一般指针,ptr 指向的是一个 char 型变量,char 型变量所在的区域和编译时编译模式的默认值有关,如果是 Memory Model—Variable— Large:XDATA,那么这个 char 型变量位于 xdata 区;如果是 Memory Model—Variable— Compact:PDATA,那么这个 char 型变量位于 pdata 区;如果是 Memory Model—Variable— Small:DATA,那么这个 char 型变量位于 data 区。指针 state 变量本身位于片内数据存储区中。

②存储器指针。存储器指针在说明时就指定了存储类型。例如:

char data * str;   // str 指向 data 区中的 char 型数据

int   xdata * p;   // p 指向外部 RAM 的 int 型整数

这种指针存放时,因为只需要存放偏移量,所以只需要 1 或 2 个字节。

下面介绍指针与数组存在的关系。例如:

{int arr[10];int * pr;pr = arr;}

由于 pr = arr 等价于 pr = &arr[0],那么就有 *(pr + 1) = = arr[1],*(pr + 2) = = arr[2],*(arr + 3) = = arr[3],*(arr + 4) = = arr[4],或者 pr[0],pr[1],…代表 arr[0],arr[1],…。

可以用 * pr + +(等价于 *(pr + +))来访问所有数组元素,而用 * arr + + 是不行的。因为 arr 是常量,所以不能进行 + + 运算。

下面介绍指针的应用。指针变量的初始化如下:

```
main()
{ int *i = 7899;          //定义整型指针变量并初始化
   float * a = 3.14;       //定义浮点数指针变量并初始化
char   * s = "happy";    //定义字符型指针变量并初始化
}
```

指针变量的赋值如下:

```
main()
{ int a = 100;
   int * i;
   char   * s;
```

```
        * i = a;
        s = "happy" }
```

（3）结构体

因为结构体类型描述的是类型不相同的数据,所以其描述无法像数组一样统一进行,只能对各数据成员逐一进行描述。结构体类型定义用关键字 struct 标识。定义一个结构体的一般形式如下:

struct 结构名

｛结构元素列表｝;

其中,结构名是结构体类型名的主体,定义的结构体类型由"struct 结构名"标识;结构元素列表又称域表、字段表,由若干个结构元素组成,每个结构元素都是该结构的一个组成部分。对每个结构元素也必须作类型说明,其形式如下:

类型说明符　结构元素名

例如,定义一个 student 的结构体:

```
struct student
｛    int id;
        char name[20];
        char sex;
float score;
｝;
```

注意:结构元素名的命名应符合标识符的书写规定。

①结构体变量的定义。结构体变量的定义是在结构体定义之后加上变量名。例如:

```
struct student
｛    int id;
        char name[20];
        char sex;
float score;
｝ stu1,stu2,stu3;
```

如果结构体变量超过 3 个,则采用数组的形式,比如 stu[5]。

②结构体变量的初始化。当结构体变量为全局变量或静态变量时,可以在定义结构体类型时给它赋值,但不能够给自动存储种类的动态局部结构变量赋值。例如:

```
struct mepoint
｛    unsigned char name[11];
        unsigned char pressure;
unsigned char temperature;｝ po1 = ｛"firstpoint",0x99,0x66｝;
```

自动结构变量不能在定义时赋初值,只能在程序中用赋值语句为各结构元素分别赋值。结构体变量初值的个数必须小于或等于结构体变量中元素的个数。

③结构体变量的引用。结构体变量的引用是通过所属的结构元素的引用来实现的。其形式如下:

结构体变量名. 结构元素

例如,stu1. score = (stu2. score + stu3. score)/2。

④结构型指针。定义结构型指针的形式如下：

struct 结构类型标识符　　* 结构指针标识符

其中,结构指针标识符是所定义的结构型指针变量的名字,结构类型标识符是该指针所指向的结构变量的具体名称。例如：

struct　　mepoint　　* mp;

用结构型指针可以引用结构元素,形式如下：

结构指针→结构元素

例如,mp – >pressure 等价于(* mp). pressure。

指针和结构体有什么关系呢? 现通过一个例子来介绍指针和结构体的关系。例如：

typedef struct _data_str

{ unsigned int DATA1[10];unsigned int DATA2[10];

　　unsigned int DATA3[10];unsigned int DATA4[10];

　　unsigned int DATA5[10];unsigned int DATA6[10];

　　unsigned int DATA7[10];unsigned int DATA8[10];

} DATA_STR;

开辟一个外 RAM 空间,确保这个空间足够容纳所需要的内容,程序如下：

xdata uchar my_data[MAX_STR] _at_ 0x0000;

DATA_STR * My_Str;

My_Str = (DATA_STR *)my_data;

此时,结构体指针指向这个数组的开头,操作如下：

My_Str – >DATA1[0] = xxx;

My_Str – >DATA1[1] = xxx;

操作后变量就位于 XDATA 中了。注意:定义的 my_data[MAX_STR]不能随便被操作,它只是开始的时候用来开辟内存的。

(4)共用体

共用体与结构体的定义相类似,只是定义时把关键词 struct 换成 union。共用体类型变量的定义形式如下：

union 共用体名　　{元素列表};

例如：

union data

{ int i;

　　char ch;

　　　float f;};

①共用体变量的定义。共用体变量的定义为在共用体定义后面直接给出的变量。例如：

union data

{ int i;

　　char ch;

　　float f;

} data1,data2,data3;

②共用体变量的引用。共用体变量的引用形式如下：

共用体变量名. 共用体元素

例如:data1. i、data2. ch、data3. f 等。

3.2.3　C51 程序控制语句

1)C51 语句的分类

C51 语言的语句分为 5 类,具体如下:

(1)控制语句

控制语句用于完成一定的控制功能。C51 语言有 9 种控制语句,它们是:

①if( )…else…:条件语句。

②for( )…:循环语句。

③while( )…:循环语句。

④do…while( ):循环语句。

⑤continue:结束本次循环语句。

⑥break:中止执行 switch 或循环语句。

⑦switch:多分支选择语句。

⑧goto:转向语句。

⑨return:从函数返回语句。

上面 9 种语句表示形式中的括号"( )"表示括号中是一个"判断条件","…"表示内嵌的语句。例如,"do…while( )"的具体语句可以写成:do y = x;While(x < y);。

(2)函数调用语句

函数调用语句由一个函数调用加一个分号构成,如项目 1 程序中的 delay02s( )。

(3)表达式语句

表达式语句由一个表达式加一个分号构成。表达式能构成语句是 C51 语言的一大特色。最典型的表达式语句是由赋值表达式构成的一个赋值语句。例如,x = 6。

(4)空语句

只有一个分号的语句为空语句,空语句不执行任何操作。空语句可用作流程的转向点(流程从程序其他地方转到此语句处),也可用作循环语句中的循环体(循环体是空语句,表示循环体什么也不做)。

(5)复合语句

用"│ │"把一些语句括起来就构成了复合语句。例如:

```
│ a = b;
  b = c;
  c = a + b;
│
```

2)C51 程序的基本结构

C51 程序的结构有顺序结构、选择结构和循环结构 3 种。

(1)顺序结构

顺序结构是最基本、最简单的结构。在这种结构中,程序由低地址到高地址依次执行。其执行过程如图 3.16 所示。

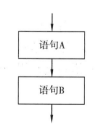

图 3.16　顺序结构的执行过程

（2）选择结构

选择结构可使程序根据不同的情况,选择执行不同的分支。在选择结构中,程序先对一个条件进行判断。当条件成立,即条件语句为"真"时,执行语句 A;当条件不成立,即条件语句为"假"时,执行语句 B,如图 3.17 所示。

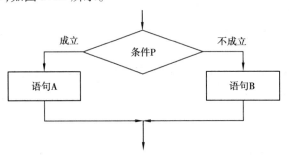

图 3.17　选择结构示意图

在 C51 中,实现选择结构的语句为 if…else、if…else if 语句。另外,在 C51 中还支持多分支结构。多分支结构既可以通过 if 和 else if 语句嵌套实现,也可用 switch…case 语句实现。

（3）循环结构

在程序处理过程中,有时需要某一段程序重复执行多次,可采用循环结构来实现。循环结构就是能够使程序段重复执行的结构。循环结构又分为 3 种:当(while)型循环结构、直到(do…while)型循环结构和 for 循环结构。

①当型循环结构。当型循环结构如图 3.18 所示。当条件成立(为"真")时,重复执行语句 A;当条件不成立(为"假")时,停止重复执行语句 A,执行后面的程序。

②直到型循环结构。直到型循环结构如图 3.19 所示。先执行语句 A,再判断条件 P,当条件成立(为"真")时,再重复执行语句 A,直到条件不成立(为"假")时,停止重复执行语句 A,接着执行后面的程序。

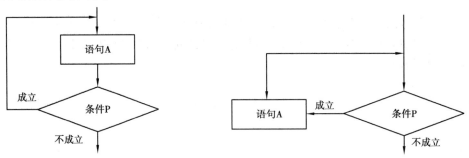

图 3.18　当型循环结构　　　　　　图 3.19　直到型循环结构

③for 循环结构。for 循环结构比较灵活,适用于循环次数不确定,但明确循环条件的情况。for 语句是常用的循环语句之一。for 语句的一般形式如下:

for(表达式 1;表达式 2;表达式 3)

循环体语句组

for 循环语句的执行过程如图 3.20 所示。

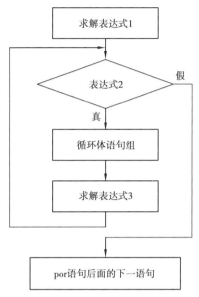

图 3.20　for 循环语句的执行过程

a. 求解表达式 1 的值。

b. 求解表达式 2 的值,若其值为"假"(即值为 0),则结束循环,转到第④步;若其值为"真"(即值为非 0),则执行 for 语句内嵌的循环体语句组。

c. 求解表达式 3,然后转回第②步。

d. 执行 for 语句后面的下一语句。

在实际应用中,for 语句最简单、最易理解的形式如下:

for(循环变量赋初值;循环条件;循环变量增值)

循环体语句组;

说明:

Ⅰ."表达式 1"可以是任何类型,一般为赋值表达式,用于给控制循环次数的变量赋初值。

Ⅱ."表达式 2"可以是任何类型,一般为关系或逻辑表达式,用于控制循环是否继续执行。

Ⅲ."表达式 3"可以是任何类型,一般为赋值表达式,用于修改循环控制变量的值,以便使得某次循环后,表达式 2 的值为 0(假),从而退出循环。

Ⅳ."循环体语句组"可以是任何语句,既可以是单独的一条语句,也可以是复合语句。

Ⅴ."表达式 1""表达式 2""表达式 3"这 3 个表达式可以省略其中的 1 个、2 个或 3 个,但相应表达式后面的分号不能省略。

3)C51 的主要语句介绍

(1)if 语句

if 语句是 C51 中的一个基本条件选择语句,它通常有 3 种格式:

①if (表达式)｛　语句;｝

②if (表达式)｛　语句 1;｝　else　｛　语句 2;｝

③if (表达式 1)｛ 语句 1;｝

　　else　if（表达式 2）｛语句 2；｝

　　　else　if（表达式 3）｛语句 3；｝

　　　　…

　　　　else　if（表达式 n－1）｛语句 n－1；｝

　　　　　else　｛语句 n；｝

【例 3.2】if 语句的用法。

①if　（x！＝y）　printf（"x＝％d,y＝％d\n",x,y）；

执行上面语句时,如果 x 不等于 y,则输出 x 的值和 y 的值。

②if　（x＞y）　　max＝x；　　else　max＝y；

执行上面语句时,如 x 大于 y 成立,则把 x 送给最大值变量 max；如 x 大于 y 不成立,则把 y 送给最大值变量 max,使 max 变量得到 x、y 中的大数。

③if　（score＞＝90）printf（"Your result is an A\n"）；

else　if　（score＞＝80）printf（"Your result is an B\n"）；

else　if　（score＞＝70）printf（"Your result is an C\n"）；

else　if　（score＞＝60）printf（"Your result is an D\n"）；

else　printf（"Your result is an E\n"）；

执行上面语句后,可根据分数 score 分别打印出 A、B、C、D、E 五个等级。

（2）switch…case 语句

if 语句通过嵌套可以实现多分支结构,但结构复杂。switch 是 C51 中专门处理多分支结构的多分支选择语句。它的格式如下：

switch（表达式）

｛　case　常量表达式 1：｛语句 1；｝　break；

　　case　常量表达式 2：｛语句 2；｝　break；

　　…

　　case　常量表达式 n：｛语句 n；｝　break；

　　default：｛语句 n＋1；｝

说明：

Ⅰ. switch 后面括号内的表达式,可以是整型或字符型表达式。

Ⅱ. 当该表达式的值与某一"case"后面的常量表达式的值相等时,就执行该"case"后面的语句,然后遇到 break 语句退出 switch 语句。若表达式的值与所有 case 后的常量表达式的值都不相同,则执行 default 后面的语句,然后退出 switch 结构。

Ⅲ. 每个 case 常量表达式的值必须不同,否则会出现自相矛盾的现象。

Ⅳ. case 语句和 default 语句的出现次序对执行过程没有影响。

Ⅴ. 每个 case 语句后面可以有"break",也可以没有。若有 break 语句,则执行到 break 退出 switch 结构；若没有,则会顺次执行后面的语句,直到遇到 break 或结束。

Ⅵ. 每个 case 语句后面可以带一个语句,也可以带多个语句,还可以不带。语句可以用花括号括起,也可以不括。

Ⅶ. 多个 case 可以共用一组执行语句。

【例 3.3】将学生成绩划分为 A—D,对应不同的百分制分数,要求根据不同的等级打印出所对应的百分数。可以通过 switch…case 语句来实现。

```
switch(grade)
{
case  'A' :   printf("90 ~ 100\n");break;
case  'B' :   printf("80 ~ 90\n");break;
case  'C' :   printf("70 ~ 80\n");break;
case  'D' :   printf("60 ~ 70\n");break;
case  'E' :   printf(" < 60\n");break;
default :   printf("error"\n)
}
```

（3）while 语句

while 语句在 C51 中用于实现当型循环结构,它的形式如下:

```
    while(表达式)
    { 语句;}   /*循环体*/
```

while 语句后面的表达式是能否循环的条件,后面的语句是循环体。当表达式为非 0(真) 时,就重复执行循环体内的语句;当表达式为 0(假)时,中止 while 循环,程序将执行循环结构 之外的下一条语句。while 语句的特点是:先判断条件,后执行循环体。在循环体中对条件进 行改变,然后再判断条件,如条件成立,则再执行循环体,如条件不成立,则退出循环。如条件 第一次就不成立,则循环体一次也不执行。

【例 3.4】通过 while 语句实现计算并输出 1 ~ 100 的累加和。

```
#include   < reg51.h >      //包含特殊功能寄存器库
#include   < stdio.h >      //包含 I/O 函数库
void main(void)             //主函数
{
    int   i,s = 0;          //定义整型变量 x 和 y
    i = 1;
    SCON = 0x52;            //串口初始化
    TMOD = 0x20;
    TH1 = 0xF3;
    TR1 = 1;
while   (i < = 100)         //累加 1 ~ 100 之和在 s 中
  {
      s = s + i;
      i + + ;
  }
printf("1 + 2 + 3 + … + 100 = % d\n",s);
while(1);
}
```

程序执行的结果如下:

$1+2+3+\cdots+100=5050$

(4)do…while 语句

do…while 语句的格式如下：

do

｛ 语句；｝ ／＊循环体＊／

  while（表达式）；

该语句的特点是：先执行循环体中的语句，后判断表达式。如果表达式成立（真），则再执行循环体，然后判断，直到有表达式不成立（假）时，退出循环，执行 do…while 结构的下一条语句。do…while 语句在执行时，循环体内的语句至少会被执行一次。

【例3.5】通过 do…while 语句实现计算并输出 1～100 的累加和。

```
#include   <reg51.h>       //包含特殊功能寄存器库
#include   <stdio.h>       //包含 I/O 函数库
void main(void)            //主函数
{
    int   i,s=0;           //定义整型变量 x 和 y
    i=1;
    SCON=0x52;             //串口初始化
    TMOD=0x20;
    TH1=0xF3;
    TR1=1;
    do                     //累加 1～100 之和在 s 中
    {
        s=s+i;
        i++;
    }
    while (i<=100);
    printf("1+2+3+…+100=%d\n",s);
    while(1);
}
```

    程序执行的结果：

$1+2+3+\cdots+100=5050$

(5)for 语句

在 C51 语言中，for 语句是使用最灵活、使用最多的循环控制语句，同时也最为复杂的循环控制语句。for 语句可以用于循环次数已经确定的情况，也可以用于循环次数不确定的情况。for 语句完全可以代替 while 语句，其功能强大。for 语句的格式如下：

    for(表达式1;表达式2;表达式3)｛语句；｝ ／＊循环体＊／

在 for 循环中，一般表达式 1 为初值表达式，用于给循环变量赋初值；表达式 2 为条件表达式，对循环变量进行判断；表达式 3 为循环变量更新表达式，用于对循环变量的值进行更新，使循环变量能不满足条件而退出循环。

【例 3.6】用 for 语句实现计算并输出 1～100 的累加和。

```
#include    < reg52. h >              //包含特殊功能寄存器库
#include    < stdio. h >             //包含 I/O 函数库
void main( void )                    //主函数
{
int   i,s = 0;                       //定义整型变量 x 和 y
SCON = 0x52;                         //串口初始化
TMOD = 0x20;
TH1 = 0xF3;
TR1 = 1;
for (i = 1;i < = 100;i + +)s = s + i;    //累加 1～100 之和在 s 中
printf("1 + 2 + 3 + … + 100 = % d\n",s);
while(1);
}
```

程序执行的结果:

1 + 2 + 3 + … + 100 = 5050

(6)循环的嵌套

在一个循环的循环体中允许包含一个完整的循环结构,这种结构称循环的嵌套。外面的循环称外循环,里面的循环称内循环,如果在内循环的循环体内又包含循环结构,就构成了多重循环。

在 C51 中,允许 3 种循环结构相互嵌套。

【例 3.7】用嵌套结构构造一个延时程序。

```
void   delay( unsigned   int   x)
{
unsigned   char j;
while(x - -)
   {
      for (j = 0;j < 125;j + +);
   }
}
```

此处,用内循环构造一个基准的延时,调用时通过参数设置外循环的次数,可形成各种延时关系。

(7)break 和 continue 语句

break 和 continue 语句通常用于循环结构中,用来跳出循环结构。但是两者有所不同,下面分别作一介绍。

①break 语句。前面已介绍过用 break 语句可以跳出 switch 结构,使程序继续执行 switch 结构后面的一个语句。使用 break 语句还可以从循环体中跳出循环,提前结束循环而接着执行循环结构下面的语句。break 语句不能用在除了循环语句和 switch 语句之外的任何其他语句中。

【例3.8】下面程序用于计算圆的面积,当计算到面积大于 100 时,由 break 语句跳出循环。

```
for ( r = 1 ; r < = 10 ; r + + )
{
    area = pi * r * r ;
    if ( area > 100 )
    break ;
    printf( "% f\n" , area ) ;
}
```

②continue 语句。continue 语句用在循环结构中,用于结束本次循环,跳过循环体中 continue 下面尚未执行的语句,直接进行下一次是否执行循环的判定。

continue 语句和 break 语句的区别在于:continue 语句只是结束本次循环,而不是终止整个循环;break 语句是结束整个循环,不再进行条件判断。

【例3.9】输出 100 ~ 200 间不能被 3 整除的数。

```
for ( i = 100 ; i < = 200 ; i + + )
{
    if   ( i%3 = = 0 )
    continue ;
    printf( "% d    " , i ) ;
}
```

3.2.4　C51 函数

1)函数的概念

函数是能够实现特定功能的代码段。一个 C51 程序通常由一个主函数和若干个子函数构成。其中,主函数即 main( )函数。C51 程序的执行总是从 main 函数开始,完成对其他函数的调用后再返回到主函数,最后由 main 函数结束整个程序。一个 C51 源程序必须有且只有一个主函数 main( )。除了主函数外,C51 程序还提供了极为丰富的库函数,并允许用户自定义函数。在 C51 程序中,由主函数调用其他函数,其他函数之间也可以相互调用。同一个函数可以被一个或多个函数调用任意次。

在使用 C51 函数时,需要注意的是:

①C51 的源程序的函数数目是不限的。

②在一个函数的函数体内,不能再定义另一个函数,即不能嵌套定义。

③函数之间允许相互调用,也允许嵌套调用。

④函数还可以自己调用自己,称为递归调用。

2)函数的分类

(1)按用户使用的角度分类

从用户使用的角度来划分,C51 语言的函数可分为库函数和用户自定义函数两种。库函数由 C 系统提供,用户不需要定义而直接使用它们,也不必在程序中作类型说明,只需在程序前注明包含该函数原型的头文件,便可以在程序中直接调用;用户自定义函数是由用户根据需要编写的函数,对于用户自定义函数,不仅要在程序中定义函数本身,而且在主调函数模块中还必须对被调用函数进行类型说明,然后才能使用(即必须先定义后使用)。

(2)按有无返回值的角度分类

按有无返回值的角度来划分,可把 C51 函数分为有返回值函数和无返回值函数两种。有返回值函数就是此类函数被调用执行完后,将向调用者返回一个执行结果,称函数返回值。库函数包含多个带有返回值的函数。另外,由用户定义的这种有返回函数值的函数,必须在函数定义和函数说明中明确返回值的类型。无返回值函数相当于其他高级语言中的过程,常用于完成某项特定的任务,执行完成后不向调用者返回函数值。库函数包含多个不带有返回值的函数。对于用户自定义的无返回值函数,可指定它的返回为"无值型",其类型说明符为"void"。

(3)按主调函数和被调函数之间数据传送的角度分类

按主调函数和被调函数之间数据传送的角度划分,可把 C51 函数分为无参函数和有参函数两种。无参函数是指主调函数和被调函数之间不进行参数传送,因此,在函数定义、函数说明及函数调用中可以不带参数。此类函数通常用来完成一组指定的功能,可以带有返回值,也可以没有返回函数值。有参函数是指主调函数和被调函数之间存在参数传送,因此,在函数定义及函数说明时都需要有参数,称"形式参数"(简称"形参")。在主调函数中进行函数调用时也必须给出参数,称"实际参数"(简称"实参")。在函数调用时,主调函数将把实参的值传送给形参,供被调函数使用。有参函数可以带有返回值,也可以不带有返回值。

3)函数的定义

函数定义的一般格式如下:

函数类型 函数名 (形式参数表列)〔reentrant〕〔interrupt m〕〔using n〕

｛ 声明部分;

执行部分;｝

前面部分是函数的首部,后面是函数体。

(1)函数首部

函数类型和函数名为函数首部。函数类型指明了本函数的类型,它实际上是函数返回值的类型。如果不要求函数有返回值,此时函数类型可以写为 void。

(2)函数名

函数名是由用户定义的标识符,规定同变量名,应简洁好记。函数名后有一对圆括号,其中若无参数,括号也不可少,在 C51 语言中"( )"一般是函数的标志。

(3)函数体

"｛｝"中的内容称为函数体。函数体由两部分组成:一是类型说明,即声明部分,是对函数体内部所用到的变量的类型说明;二是语句,即执行部分。

(4)reentrant 修饰符

该修饰符用于把函数定义为可重入函数,就是允许被递归调用。函数的递归调用实际上是函数嵌套调用的一种特殊情况。一个函数直接或间接地调用了它本身,就被称为函数的递归调用。

(5)interrupt m 修饰符

interrupt m 修饰符是 C51 函数中非常重要的一个修饰符,这是因为中断函数必须通过它进行修饰。C51 的中断过程通过使用 interrupt 关键字和中断 m(0~31)来实现,中断号对应 51

单片机的入口地址见表3.6。

(6)using n 修饰符

using n 修饰符用于指定中断服务程序使用的工作寄存器组,其中 n 的值为 1~3,表示寄存器号。对于 using n 的使用,要注意两点:一是加入 using n 后,所有被中断调用的过程必须使用同一个寄存器组;二是 using n 修饰符不能用于有返回值的函数,其原因是 C51 函数的返回值是放在寄存器中的。

4)函数调用与返回函数值

中断号与中断源的对应关系见表3.6。

表3.6 中断号与中断源的对应关系

中断号 m	中断源	中断号 m	中断源
0	外部中断 0	4	串行口中断
1	定时器/计数器 T0	5	定时器/计数器 T2
2	外部中断 1	6~31	预留值
3	定时器/计数器 T1		

(1)函数调用

函数的调用是指函数在主调函数中的调用形式。在 C51 语言中,函数调用的一般形式如下:

函数名(实参列表)

其中,函数名即被调用的函数,实参列表是主调函数传递给被调函数的数据。通常函数有以下 3 种调用方式。

①函数语句:把函数作为一个语句,主要用于无返回值的函数。例如:

delay();

②函数表达式:函数出现在表达式中,主要用于有返回值的函数,将返回值赋值给变量。例如:

c = min(x,y); //函数 min 求 x、y 中的最小值

③函数参数:函数作为另一个函数的实参,主要用于函数的嵌套调用。例如:

c = min(x,min(y,z));//函数 min 求 x、y、z 中的最小值

赋值调用与引用调用是 C51 语言中最常用的参数传递方式,下面分别进行介绍。

a.赋值调用(call by value):这种方法中函数的形参是数值变量,函数调用时把参数的值复制到函数的形式参数中,赋值调用不会影响主调函数中的变量的数值。

b.引用调用(call by reference):这种方法中函数的形参是指针,函数调用时把参数的地址复制给形式参数。在函数中,这个地址用来访问调用中所使用的实际参数,引用调用将会影响主调函数中变量的数值。

(2)返回函数值(return)

return 语句一般放在函数的最后位置,用于终止函数的执行,并控制程序返回调用该函数时所处的位置。返回时还可以通过 return 语句带回返回值。return 语句格式有两种:

①return；

②return（表达式）；

如果 return 语句后面带有表达式，则要计算表达式的值，并将表达式的值作为函数的返回值；若不带表达式，则函数返回时将返回一个不确定的值。通常使用 return 语句可把调用函数取得的值返回给主调用函数。

知识拓展

一般循环延时，使用 12 MHz 的晶振要方便一些，如果是定时器，则用 11.059 2 MHz 的晶振更方便、精确。关于单片机 C 语言的精确延时，很多是估算的延时值，而非准确值，而 51 核给出的延时函数克服了以上缺点，能够精确计算出延时值且精确达到 1 μs。例如：

```
void delay( )
{ uchar i,j;
  for(i = 2;i > 0;i − −)
  {for(j = 250;j > 0;j − −);}
}
```

i = 100,j = 250,T = 1 μs 时，延时时间 = 50.301 ms，通过示波器验证。

下面给出几种常见的 C 语言延时程序。

（1）10 ms 延时子程序（12 MHz）：

```
void delay10ms(void)
{     unsigned char i,j,k;
      for(i = 5;i > 0;i − −)
      for(j = 4;j > 0;j − −)
      for(k = 248;k > 0;k − −);
}
```

（2）1 s 延时子程序（12 MHz）：

```
void delay1s(void)
{
      unsigned char h,i,j,k;
      for(h = 5;h > 0;h − −)
      for(i = 4;i > 0;i − −)
      for(j = 116;j > 0;j − −)
      for(k = 214;k > 0;k − −);
}
```

（3）200 ms 延时子程序（12 MHz）：

```
void delay 200ms(void)
{
      unsigned char i,j,k;
      for(i = 5;i > 0;i − −)
      for(j = 132;j > 0;j − −)
      for(k = 150;k > 0;k − −);
```

　　}

（4）500 ms 延时子程序（12 MHz）：

```
void delay500ms(void)
{
    unsigned char i,j,k;
    for(i=15;i>0;i--)
    for(j=202;j>0;j--)
    for(k=81;k>0;k--);
}
```

小　结

本章结合实例介绍了单片机的开发系统 Keil C51 和 Proteus 系统仿真软件的使用方法，同时系统地介绍了单片机 C 语言的程序结构以及 C51 的程序组成与数据结构、运算与构造数据类型、常用控制语句与函数。

习　题

1. Keil C51 软件有什么作用？
2. 如何在 Keil C51 环境下新建一个工程？
3. Proteus 系统仿真软件各端有什么作用？
4. C51 程序和标准 C 程序有什么不同？
5. C51 语言程序由哪几部分组成？
6. 单片机 C 语言编辑器所支持的数据类型有哪些？
7. Keil C51 中变量是如何定义的？
8. C51 的构造数据类型有哪些？
9. C51 语言的语句分为哪五类？
10. C51 程序的基本结构有哪几种？

第 4 章
输入/输出端口结构

8051 单片机有 4 个 8 位并行 I/O 端口,记作 P0、P1、P2 和 P3。每个端口都是 8 位准双向口,共占 32 根引脚。每一条 I/O 线都可独立地用作输入或输出。每个端口都包括一个锁存器(即特殊功能寄存器 P0 ~ P3),一个输出驱动器和输入缓冲器,作输出驱动器时数据可以锁存,作输入缓冲器时数据可以缓冲,但这 4 个通道的功能不完全相同。

在无片外扩展存储器的系统中,这 4 个端口中的每个端口都可以作为准双向通用 I/O 端口使用。在具有片外扩展存储器系统中,P2 口送出高 8 位地址,P0 口为双向总线,分时送出低 8 位地址和数据的输入/输出。

8051 单片机 4 个 I/O 端口的电路设计非常巧妙,熟悉 I/O 端口逻辑电路,不仅有利于正确合理地使用端口,而且会对设计单片机外围逻辑电路有所启发。

4.1   P0 口

图 4.1 是 P0 口的某一位的结构图,它由一个输出锁存器、两个三态输入缓冲器和输出驱动电路及控制电路组成。其工作状态受控制电路与门④、反相器③和转换开关 MUX 控制。

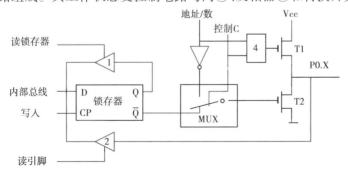

图 4.1   P0 口某位结构

当 CPU 使控制线 C = 0,开关 MUX 被控为如图所示位置,P0 口为通用 I/O 口;当 C = 1 时,开关拨向反相器③的输出端,P0 口分时作为地址/数据总线使用。

1) P0 口作为一般 I/O 使用

当 8051 组成的系统无外扩存储器、CPU 对片内存储器和 I/O 口读写时(执行 MOV 指令或$\overline{EA}$=1,执行 MOVC 指令),由硬件自动使控制线 C = 0,开关 MUX 处于图示位置,它把输出级(T1)锁存器的 Q 端接通;同时,因与门④输出为 0,输出级中的上拉场效应管 T2 处于截止状态,因此,输出级是漏极开路的开漏电路。这时 P0 口可作一般 I/O 口用。

(1)P0 口用作输出口

当 CPU 执行输出指令时,写脉冲至 D 锁存器的 CP 上,这样与内部总线相连的 D 端的数据取反后就出现在 $\overline{Q}$ 端上,又经输出级 FET(T2)反相,在 P0 端口上出现的数据正好是内部总线的数据。这是一般的数据输出情况。

8051 有几条输出指令功能特别强,属于"读—修改—写"指令。例如,执行一条"ANL P0, A"指令的过程是:不直接读引脚上的数据,而是 CPU 先读 P0 口 D 锁存器中的数据,当"读锁存器"信号有效,三态缓冲器①开通,Q 端数据送入内部总线和累加器 A 中的数据进行"逻辑与"操作,结果送回 P0 端口锁存器。此时,锁存器的内容(Q 端状态)和引脚是一致的。

(2)P0 口作输入口

图 4.1 中的缓冲器②用于直接读端口数据。当执行一条由端口输入的指令时,"读引脚"脉冲把该三态缓冲器②打开,这样,端口上的数据经过缓冲器②读入到内部总线。这类操作由数据传送指令实现。

另外,从图 4.1 中还可看出,在读入端口引脚数据时,由于输出驱动 FET(T2)并接在引脚上,如果 FET(T2)导通就会将输入的高电平拉成低电平,以致产生误读。所以,在端口进行输入操作前,应先向端口锁存器写入"1",也就是使锁存器$\overline{Q}$=0,因为控制线 C = 0,因此 T1 和 T2 全截止,引脚处于悬浮状态,可作高阻输入。这就是所谓的准双向口的含义。

2) P0 口用为地址/数据总线使用

当用 8031 外扩存储器(EPROM 或 RAM)组成系统,CPU 对片外存储器读写(执行 MOVX 指令或$\overline{EA}$=0,MOVC 指令)时,由内部硬件自动使控制线 C = 1,开关 MUX 拨向反相器③输出端。这时 P0 口可用地址/数据总线分时使用,并且分为两种情况。

(1)P0 口用作输出地址/数据总线

在扩展系统中,以 P0 口引脚输出低 8 位地址或数据信息。MUX 开关把 CPU 内部地址/数据线经反向器与驱动效应管 FET(T2)栅极接通,从图 4.1 可以看到,上下两个 FET 处于反相,构成推拉式的输出电路(T1 导通时上拉,T2 导通时下拉),大大增加了负载能力。

(2)P0 口输入数据

P0 口输入数据,即"读引脚"信号有效打开输入缓冲器②使数据进入内部总线。

综上所述,P0 既可作一般 I/O 端口(用 8051/8751 时)使用,也可作地址/数据总线使用。I/O 输出时,输出级属开漏电路,必须外接上拉电阻,才有高电平输出;作 I/O 输入时,必须先向对应的锁存器写入"1",FET(T2)截止,不影响输入电平。当 P0 口被地址/数据总线占用时,就无法再作 I/O 口使用了。

4.2 P1 口

P1 口是一个准双向口,作通用 I/O 使用。其电路结构如图 4.2 所示,输出驱动部分与 P0 口不同,内部有上拉负载电阻与电源相连。实质上电阻是两个场面效应管 FET 并在一起,一个 FET 为负载管,其电阻固定;另一个 FET 可工作在导通或截止两种状态,使其总电阻值变化近似为 0 或阻值很大。当阻值近似为 0 时,可将引脚快速上拉至高电平;当阻值很大时,P1 口为高阻输入状态。

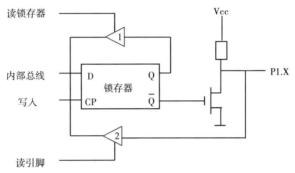

图 4.2 P1 口某位结构

当 P1 口输出高电平时,可向外提供拉电流负载,故不必再接上拉电阻。在端口用作输入时,也必须先向对应的锁存器写入“1”,使 FET 截止。由于片内负载电阻较大(阻值为 20 ~ 40 kΩ),所以不会对输入的数据产生影响。

4.3 P2 口

从图 4.3 中可看到, P2 口的一位结构与 P0 类似,有 MUX 开关,驱动部分与 P1 口类似,但比 P1 口多了转换控制部分。

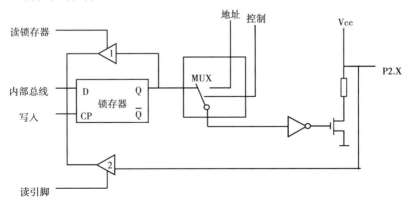

图 4.3 P2 口某位结构

当 CPU 对片内存储器和 I/O 口进行读写时(执行 MOV 指令或$\overline{EA}=0$,执行 MOVC 指令),由内部硬件自动使开关 MUX 倒向锁存器的 Q 端,P2 口为一般 I/O 口;当 CPU 对片外存储器 I/O 口进行读写时(执行 MOVX 指令或$\overline{EA}=1$,执行 MOVC 指令),开关倒向地址线(右)端,P2 口只输出高 8 位地址。

当系统扩展片外 EPROM 和 RAM 时,由 P2 口输出高 8 位地址(低 8 位地址由 P0 口输出)。此时,MUX 在 CPU 的控制下,转向内部地址线一端。访问片外 EPROM 和 RAM 的操作不断,P2 口也随之不断送出 8 位地址,故此时的 P2 无法再用作通用的 I/O 口。

在不需要外接 EPROM(8051/8751),而只需扩展 256 字节片外 RAM 的系统中,使用"MOVX @ Ri"类指令访问片外 RAM 时,寻址范围是 256 节,只需低 8 位地址线即可实现。P2 口不受该指令影响,仍可作通用 I/O 口。

若扩展的 RAM 容量超过 256 字节,使用"MOVX @DPTR"类指令,寻址范围是 64 kB,此时高 8 位地址总线用 P2 口输出。在片外 RAM 读/写周期内,P2 口锁存器仍保持原来端口的数据;在访问片外 RAM 周期结束后,多路开关 MUX 自动切换到锁存器 Q 端。CPU 对 RAM 的访问不是经常的,在这种情况下,P2 口在一定的限度内仍可用作通用 I/O 口。

4.4 P3 口

P3 口是一个多功能端口,其某一位的结构如图 4.4 所示。对比 P1 口的结构图不难看出,P3 口与 P1 口相比,多了与非门③和缓冲器④,正是这两个部分,使得 P3 口除了具有 P1 口的准双向 I/O 功能之外,还可以使用各引脚所具有的第二功能。与非门③的作用实际上是一个开关,可决定输出锁存器上的数据或第二功能(W)的信号。当 W=1 时,可输出 Q 端信号;当 Q=1 可输出 W 线信号。

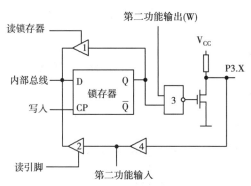

图 4.4 P3 口某位结构

编程时,可不必事先由软件设置 P3 口为第一功能(通用 I/O 口)还是第二功能。当 CPU 对 P3 口进行 SFR 寻址(位或字节)访问时,由内部硬件自动将第二功能输出线 W 置 1,P3 口为通用 I/O 口;当 CPU 不把 P3 作为 SFR 寻址(位或字节)访问时,即用作第二功能输出/输出线时,由内部硬件使锁存器 Q=1。

1）P3 口作为通用 I/O 口使用

P3 口工作原理与 P1 口工作原理类似。当把 P3 口作为通用 I/O 口进行 SFR 寻址时，"第二输出功能端"W 保持高电平，打开与非门③，所以 D 锁存器输出端 Q 的状态可通过与非门③送至 FET 场效应管输出，这是作通用 I/O 输出的情况。

当 P3 口作为输入使用（即 CPU 读引脚状态）时，同 P0 ~ P2 口一样，应由软件向口锁存器写"1"，即使 D 锁存器 Q 端保护为 1，与非门输出为 0，FET 场效应管截止，引脚端可作为高阻输入。当 CPU 发出读命令时，缓冲器②上的"读引脚"信号有效，三态缓冲器②开通，于是引脚的状态经缓冲器④（常开的）、缓冲器②送到 CPU 内部总线。

2）P3 口用作第二功能使用

当端口用于第二功能时，8 个引脚可按位独立定义见表 4.1。当某位被用作第二功能时，该位的 D 锁存器 Q 应被内部硬件自动置 1，使与非门③对"第二输出功能端"W 是畅通的。"第二输出功能端"W 可为表 4.1 中的 TXD、$\overline{WR}$、$\overline{RD}$ 三个第二输出功能引脚。例如$\overline{RD}$功能，W 线上的$\overline{RD}$控制信经与非门③控制 FET 输出到引脚端。

表 4.1　P3 各口线的第二功能表

口　线	第二功能
P3.0	RXD（串行口输入）
P3.1	TXD（串行口输出）
P3.2	$\overline{INT0}$（外部中断 0 输入）
P3.3	$\overline{INT1}$（外部中断 1 输入）
P3.4	T0（定时器 0 的外部输入）
P3.5	T1（定时器 1 的外部输入）
P3.6	$\overline{WR}$（片外数据存储器写选通控制输出）
P3.7	$\overline{RD}$（片外数据存储器读选通控制输出）

由于 D 锁存器 Q 端已被置 1，W 线不作第二功能输出时也保持为 1，FET 截止，该位引脚为高阻输入，此时，第二输入功能为：RXD、$\overline{INT0}$、$\overline{INT1}$、T0 和 T1。由于端口不作为通用 I/O 口（不执行 MOV A,P3），"读引脚"信号无效，三态缓冲器②不导通，某位引脚的第二输入功能信号（如 RXD）经缓冲器④送入第二输入功能端。

4.5　端口负载能力和接口要求

综上所述，P0 口的输出级与 P1 ~ P3 口的输出级在结构上是不同的，它们的负载能力和接口要求也各不相同。

①P0 口与其他口不同，它的输出级无上拉电阻。当把它用作通用 I/O 口使用时（8051/8751 情况），输出级是开漏电路，故用其输出去驱动 NMOS 输入时需外接上拉电阻；当把它用作输入时，应先向口锁存器（80H）写 1；当把它当作地址/数据总线时（8031 情况），则无须外接上拉电阻，用作数据输入时，也无须先写 1。

P0 口的每一位输出可驱动 8 个 LS 型 TTL 负载。

②P1 ~ P3 口的输出级接有内部上拉负载电阻,它们的每一位输出可驱动 3 个 LS 型 TTL 负载输入端。

作为输入口时,任何 TTL 或 NMOS 电路都能以正常的方式驱动 8051 单片机(HMOS)的 P1 ~ P3 口。由于它们的输出级具有上拉电阻,也可以被集电极开路(OC 门)或漏极开路所驱动,而无须外接上拉电阻。

对于 80C51 单片机(CHMOS),端口只能提供几毫安的输出电流,故当作输出口去驱动一个普通晶体管的基极(或 TTL 电路输入端)时,应在端口与晶体管基极间串联一个电阻,以限制高电平输出时的电流。

P1 ~ P3 口都是准双向口,作输入时,必须先在相应端口锁存器上写 1。

小　结

本章介绍了 8051 单片机的 4 个 8 位并行 I/O 端口。每个端口都是 8 位准双向口,每一条 I/O 线都独立地用作输入或输出。每个端口都包括一个锁存器,一个输出驱动器和输入缓冲器;作输出时数据可以锁存,作输入时数据可以缓冲。此外,除 P1 口外其余端口均具有第二功能。

习　题

1.8051 单片机各 I/O 口有什么用途? 应用时应注意什么问题?

2.P3 口有哪些第二功能?

3.各端口的负载能力有何区别?

第 5 章
定时/计数器及中断系统

工业控制中,常用到计数和定时,为此很多企业生产各种定时、计数接口芯片以满足这方面的需要。单片机的出现改变了这种情况,原因是大多数单片机的内部都设有定时/计数器,使用极为方便。

5.1 定时计数器

5.1.1 定时/计数器结构

MCS-51 单片机内有两个 16 位定时/计数器 T0 和 T1,具备定时和事件计数功能,可用于定时控制、延时、对外部事件计数和检测等。其结构如图 5.1 所示。

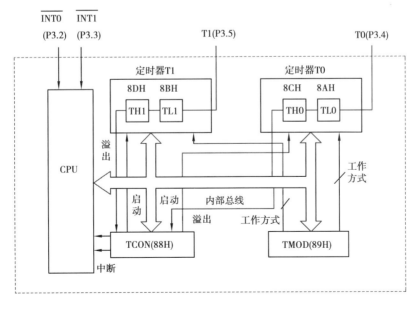

图 5.1 MCS-51 单片机中定时器的结构

两个 16 位定时/计数器实际上都是 16 位加 1 计数器,其中,T0 由两个 8 位特殊功能寄存器 TH0 和 TL0 构成,T1 由 TH1 和 TL1 构成。每个定时/计数器都可由软件设置为定时方式或计数方式及其他灵活多样的可控功能方式。这些功能都由特殊功能寄存器 TMOD 和 TCON 控制。

把定时/计数器设置为定时工作方式时,其计数片内振荡器输出经 12 分频后的脉冲,即每个机器周期定时/计数器的计数值加 1 直至计满溢出。当 MCS-51 单片机采用 12 MHz 晶体时,其计数频率为 1 MHz。

把定时/计数器设置为计数方式时,通过引脚 T0(P3.4)和 T1(P3.5)对外部输入脉冲信号计数。当输入信号产生由高到低的负跳变时,计数器的值加 1。在每个机器周期的 S5P2 期间采样 T0 和 T1 引脚的输入电平,若前一个机器周期采样值为 1,下一个采样值为 0,则计数器加 1。此后的机器周期 S3P1 期间,新的数值装入计数器。基于此,检测一个 1 至 0 的跳变需要两个机器周期,最高计数频率为振荡频率的 1/24。虽然对输入信号的占空比无特殊要求,但为了确保某个电平在变化之前至少采样一次,电平保持时间必须大于或等于一个完整的机器周期。

不管是定时工作方式还是计数工作方式,定时/计数器 T0 或 T1 在对内部时钟或对外部事件计数时,不占用 CPU 时间,除非定时/计数器溢出,才可能中断 CPU 当前操作。由此可见,定时/计数器是单片机中效率最高而且工作灵活的部件。

除了可以选择定时或计数工作方式外,每个定时/计数器还有 4 种工作模式,也就是每个定时/计数器可构成 4 种电路结构模式。其中 0 ~ 2 模式对 T0 和 T1 都是一样的,模式 3 对两者是不同的。T0 和 T1 功能的设置与控制是由工作模式寄存器 TMOD 和控制寄存器 TCON 的软件设置来完成的。在单片机复位时,它们的值均为 00H。

1)工作模式寄存器 TMOD(89H)

TMOD 用于控制 T0 和 T1 操作模式,各位的定义及格式如下:

TMOD	D_7	D_6	D_5	D_4	D_3	D_2	D_1	D_0
(89H)	GATE	$C/\overline{T}$	M1	M0	GATE	$C/\overline{T}$	M1	M0

其中,低 4 位用于 T0,高 4 位用于 T1。

各位功能如下:

(1)M1 和 M0

操作模式控制位。两位可形成 4 种编码,对应于 4 种操作模式(即 4 种电路结构),见表 5.1。

(2)$C/\overline{T}$

计数器方式/定时器方式选择位。

$C/\overline{T}=0$,设置为定时方式。定时器 8051 片内脉冲,亦即对机器周期(时钟周期的 12 倍)计数。$C/\overline{T}=1$,设置为计数方式,计数器的输入来自 T0(P3.0)或 T1(P33.5)端的外部脉冲。

表 5.1 M_1M_0 控制的 4 种操作模式

M1	M0	工作方式	功　能
0	0	方式 0	13 位定位/计数器 (使用 TH_X 的 8 位和 TL_X 中的低 5 位,共 13 位,X 取值 0,1)
0	1	方式 1	16 位定时/计数器
1	0	方式 2	带自动重装时间常数的 8 位定时/计数器
1	1	方式 3	T0 分成两个 8 位定时/计数器 T1 停止计数

（3）GATE

门控位,GATE = 0 时,不论 $\overline{INT0}$（或 $\overline{INT1}$）的电平是高还是低,使用软件 TR0（或 TR1）置 1 即可启动定时器,如图 5.2 所示。GATE = 1 时,只有 $\overline{INT0}$（或 $\overline{INT1}$）引脚为高电平且由软件使 TR0（TR1）置 1 时,才能启动定时器工作。

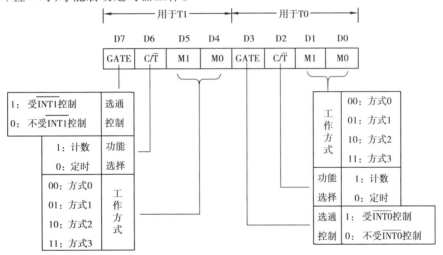

图 5.2　TMOD 各位定义

TMOD 不能位寻址,只能用字节设置定时器工作方式。其中,低半字节设定 T0,高半字节设定 T1。

2）**控制寄存器** TCON(88H)

定时器控制寄存器 TCON 除可字节寻址外,各位还可位寻址,各位定义及格式如下：

TCON	8FH	8EH	8DH	8CH	8BH	8AH	89H	88H
(88H)	TF1	TR1	TF0	TR0	IE1	IT1	IE0	IT0

TCON 各位的作用如下：

TF1(TCON.7):T1 溢出标志位。当 T1 溢出时,由硬件自动使中断触发器 TF1 置 1 并向 CPU 申请中断。当 CPU 响应进入中断服务程序后,TF1 被硬件自动清零。TF1 也可以用软件清零。

TF0(TCON.5):T0 溢出标志位。其功能和操作情况同 TF1。

TR1（TCON.6）:T1 运行控制位。可由软件置 1 或 0 来启动或关闭 T1,在程序中用一条指令(SETB TR1)使 TR1 位置 1,定时器 T1 便开始计数。

TR0(TCON.4):T0 运行控制位。其功能及操作情况同 TR1。

以上 4 位控制 T1 和 T0 以定时器方式运行或中断。

IE1、IT1、IE0 和 IT0(TCON.3 ~ TCON.0)为外部中断$\overline{INT0}$、$\overline{INT1}$请求及请求方式控制位。

8051 复位时,TCON 的所有位被清零。

TCON 各位定义如图 5.3 所示。

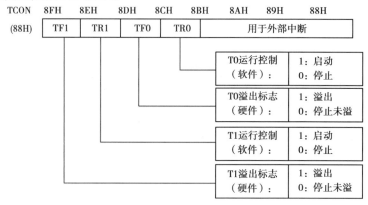

图 5.3　TCON 各位定义

5.1.2　定时器的工作模式

8051 单片机的定时器/计数器 T0 和 T1 可由软件对特殊功能寄存器 TMOD 中控制位 C/$\overline{T}$ 进行设置,以选择定时功能或计数功能。设置 M1、M0 位,有 4 种工作模式,即模式 0、模式 1、模式 2 和模式 3。在模式 0、1 和 2 时,T0 与 T1 的工作模式相同;在模式 3 时,两个定时器的工作模式不同。

1）模式 0

模式 0 是选择定时器(T0 或 T1)高 8 位加低 5 位的一个 13 位定时器/计数器。图 5.4 是 T0 在模式 0 时的逻辑电路结构。

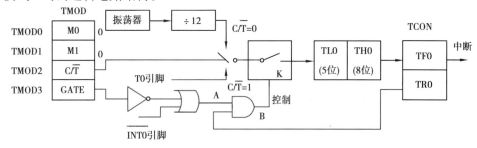

图 5.4　定时器模式 0 的逻辑电路结构

在这种模式下,16 位寄存器(TH0 和 TL0)只用 13 位,其中 TL0 的高 3 位未用,其余位占整个 13 位的低 5 位,TH0 占高 8 位。当 TL0 的低 5 位溢出时,向 TH0 进位,而 TH0 溢出时向中断标志位 TF0 进位(硬件 TF0),并申请中断。T0 溢出否可查询 TF0 是否置位,以产生 T0 中断。

在图 5.4 中,$C/\overline{T}=0$ 时,控制开关接通振荡器 12 分频输出端,T0 对机器周期计数,这就是定时工作方式。其定时时间为:

$$t = (2^{13} - \text{T0 初值}) \times \text{振荡周期} \times 12$$

当 $C/\overline{T}=1$ 时,控制开关使引脚 T0(P3.4)与 13 位计数器相连,外部计数脉冲由引脚 T0(P3.4)输入,当外部信号电平发生"1"到"0"跳变时,计数器加 1,这时,T0 成为外部事件计数器。这就是计数工作方式。

当 GATE =0 时,使或门输出 A 点电位为常"1",或门被封锁,于是,引脚 $\overline{\text{INT0}}$ 输入信号无效。这时,或门输出的常"1"打开与门,B 点电位取决于 TR0 状态,由 TR0 一位就可控制计数开关 K 开启或关断 T0。若软件使 TR0 置 1,接通计数开关 K,启动 T0 在原值上加 1 计数,直至溢出。溢出时,13 位寄存器清零,TF0 置位并申请中断,T0 仍从 0 重新计数。若 TR0 =0,则关断计数开关 K,停止计数。

当 GATE =1 时,A 点电位取决于 $\overline{\text{INT0}}$(P3.4)引脚的输入电平,仅当 $\overline{\text{INT0}}$ 输入高电平且 TR1 =1 时,B 点才是高电平,计数开关 K 闭合,T0 开始计数,当 $\overline{\text{INT0}}$ 由 1 变 0 时,T0 停止计数。这一特性可以用来测量在 $\overline{\text{INT0}}$ 端出现的正脉冲的宽度。

2)模式 1

该模式是一个 16 位定时器/计数器,其逻辑电路结构如图 5.5 所示。它的结构与操作几乎与模式 0 完全相同,唯一的区别是:在模式 1 中,寄存器 TH0 和 TL0 是以全 16 位参与操作,用于定时工作方式时,其定时时间为:

$$t = (2^{16} - \text{T0 初值}) \times \text{振荡周期} \times 12$$

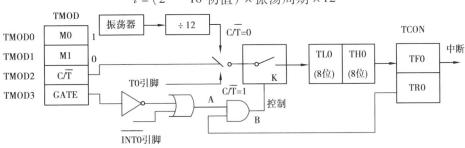

图 5.5 定时器模式 1 的逻辑电路结构

用于计数工作方式时,计数长度为 $2^{16} = 65536$(个外部脉冲)。

3)模式 2

模式 2 把 TL0 或 TL1 配置成一个可以自动重装载的 8 位定时器/计数器,其逻辑电路结构如图 5.6 所示。

TL0 计数溢出时,不仅使溢出中断标志位 TF0 置 1,而且还自动把 TH0 的内容重装载到 TL0。此处的 16 位的计数器将被拆成两个,其中,TL0 用作 8 位计数器,TH0 用以保持初值。

在程序初始化时,TL0 和 TH0 由软件赋予相同的初值。一旦 TL0 计数溢出,置位 TF0,并将 TH0 的初值再自动装入 TL0,可继续计数,循环重复。用于定时器工作方式时,其定时时间(TF0 溢出周期)为:

$$t = (2^8 - TH0\ 初值) \times 振荡周期 \times 12$$

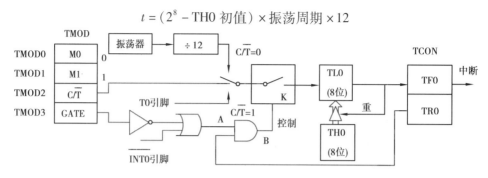

图 5.6　定时器模式 2 的逻辑电路结构

用于计数工作方式时,最大计数长度(TH0 初值 = 0)为 2^8 = 256(个外部脉冲)。

这种工作方式可省去用户软件重装常数的程序,并可确保精度较高的定时时间,特别适于作串行口波特率发生器。

4)模式 3

模式 3 对 T0 和 T1 是大不相同的。

若将 T0 设置为模式 3,TL0 和 TH0 将被分成两个互相独立的 8 位计数器,其逻辑电路结构如图 5.7 所示。

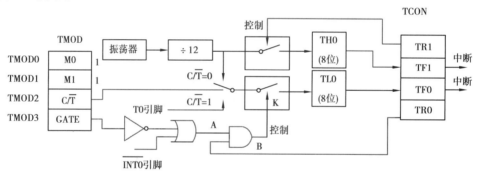

图 5.7　定时器模式 3 的逻辑电路结构

其中 TL0 用原 T0 的各控制位、引脚和中断源,即 $C/\overline{T}$、GATE、TR0、TF0 和(P3.4)引脚、$\overline{INT0}$(P3.2)引脚。TL0 除仅用 8 位寄存器外,其功能和操作与模式 0(13 位计数器)、模式 1(16 位计数器)完全相同。TL0 也可为定时器方式或计数器方式。

TH0 只可用作简单的内部定时功能(见图 5.7),它占用了定时器 T1 的控制位 TR1 和 T1 的中断标志位 TF1,其启动和关闭仅受 TR1 的控制。

定时器 T1 无操作模式 3 状态,若将 T1 设置为模式 3,会使 T1 立即停止计数,也就是保持住原有的计数值,其作用相当于使 TR1 = 0,封锁与门,断开计数开关 K。

在定时器 T0 用作模式 3 时,T1 仍可设置为模式 0 ~ 2,如图 5.8 所示。TR1 和 TF1 被定时器 T0 占用,计数器开关 K 已被接通,用 T1 控制位 $C/\overline{T}$ 切换其定时器或计数器工作方式就可使 T1 运行。寄存器(8 位、13 位或 16 位)溢出时,只能将输出送入串行口或用于不需要中断的场合。在一般情况下,当定时器 T1 用作串行口波特率发生器时,定时器 T0 设置为工作模式 3。此时,常把定时器 T1 设置为模式 2 用作波特率发生器,如图5.8(b)所示。

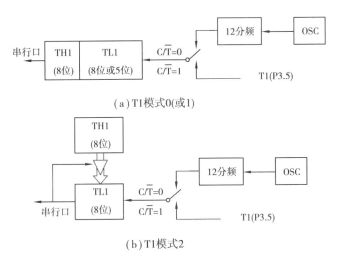

（a）T1 模式 0（或 1）

（b）T1 模式 2

图 5.8　定时器 T0 模式 3 下的 T1 结构

5.2　中断系统

中断系统在计算机系统中起着十分重要的作用,一个功能很强的中断系统,能大大提高计算机处理外界事件的能力。

5.2.1　中断的概念

现代的计算机都具有实时处理能力,能对外界发生的事件做出及时的处理,这是利用中断技术来实现的。

所谓中断是指中央处理器(CPU)正在处理某件事件时,外部发生了某一事件(如一个电平的变化,一个脉冲沿的发生,或定时器计数溢出等)请求 CPU 迅速去处理。于是,CPU 暂时中断当前的工作,转入处理所发生的事件;中断服务处理完以后,再回到原来被中断的地方,继续原来的工作,这样的过程称为中断,如图 5.9 所示。实现这种功能的部件称中断系统(中断机构),产生中断的请求源称中断源。

为帮助读者理解中断操作,这里作个比喻,把 CPU 比作正在写报告的某公司的总经理,将中断比作电话呼叫,总经理的主要任务是写报告,可是如果电话铃响了(一个中断),总经理写完正在写的字或句子,然后去接电话;听完电话以后,她又回来从打断的地方继续写。在这个比喻中,电话铃声相当于向总经理请求中断。

这个简单的比喻说明了中断功能的重要性。没有中断技术,CPU 的大量时间可能浪费在原地踏步的操作上。

一般计算机系统允许有多个中断源,8051 单片机就有 5 个中断源。当几个中断源同时向CPU 请求中断,要求 CPU 提供服务时,就存在 CPU 优先响应哪一个中断请求源的问题。一般根据中断源(所发生的实时事件)的轻重缓急排队,优先处理最紧急事件的中断请求,于是一些微处理器和单片机规定了每个中断源的优先级别。

当 CPU 正处理一个中断请求,又发生了另一个优先级比它高的中断请求,CPU 会暂时中止对当前中断的处理,转而去处理优先级更高的中断请求,待处理完以后,再继续执行原来的中断处理程序,这样的过程称中断嵌套,这样的中断系统称多级中断系统。没有中断嵌套功能的中断系统称单级中断系统。8051 单片机的 5 个中断源分两个优先等级,可实现两级中断嵌套。两级中断嵌套的中断过程如图 5.10 所示。

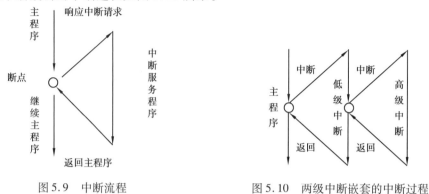

图 5.9　中断流程　　　　　　　　图 5.10　两级中断嵌套的中断过程

中断方式的另一个应用领域是实时控制。将从现场采集到的数据通过中断方式及时地传送给 CPU,经过计算后就可立即作出响应,实现现场控制,而采用查询方式就很难做到及时采集,及时控制。

由于外界异步事件中断 CPU 正在执行的程序是随机的,CPU 转向去执行中断服务程序时,除了硬件会自动把断点地址(16 位 PC 程序计数器的值)压入堆栈之外,用户还得注意保护有关工作寄存器、累加器、标志位等信息(通常称保护现场),以便在完成中断服务程序后,恢复原工作寄存器、累加器、标志位等的内容(称恢复现场);最后执行中返回指令,自动弹出断点到 PC,返回主程序,继续执行被中断的程序。

MCS-51 单片机的中断系统结构示意图如图 5.11 所示。下面从应用的角度来说明MCS-51单片机的中断系统工作过程。

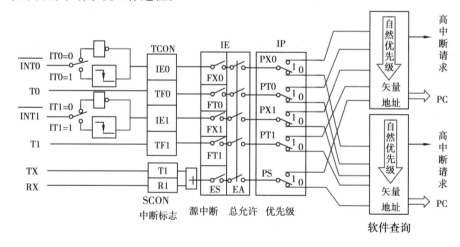

图 5.11　MCS-51 单片机的中断系统结构示意图

5.2.2　MCS-51 单片机的中断请求源

8051 单片机提供 5 个中断请求源,其中两个中断请求源为外部中断源,由$\overline{INT0}$、$\overline{INT1}$输入;两个中断请求源为片内的定时/计数器溢出时产生的中断请求(用 TF0、TF1 作为标志);一个中断请求源为片内串行口产生的中断请求(TI 或 RI)。这些中断请求源分别由 8051 的特殊功能寄存器 TCON 和 SCON 的相应位所锁存。

TCON 为定时/计数器的控制寄存器,字节地址为 88H。TCON 锁存外部中断请求标志。其格式如下:

	D7	D6	D5	D4	D3	D2	D1	D0
TCON	TF1	TR1	TF0	TR0	IE1	IT1	IE0	IT0
位地址	8FH	8EH	8DH	8CH	8BH	8AH	89H	88H

IT0:选择外部中断请求$\overline{INT0}$为边沿触发方式或电平触发方式的控制位。当 IT0 = 0 时,$\overline{INT0}$为电平触发方式,其低电平有效;IT0 = 1 时,$\overline{INT0}$为边沿触发方式,其输入脚上的电平从高到低的负跳变有效。IT0 可由软件置"1"或清"0"。

IE0:外部中断 0 的中断申请标志位。当 IT0 = 0 即电平触发方式时,每个机器周期的 S5P2 采样$\overline{INT0}$,若$\overline{INT0}$为低电平,则置"1"IE0,否则清零;当 IT0 = 1 即$\overline{INT0}$为边沿触发方式时,当第 1 个机器周期采样到$\overline{INT0}$为高电平,第 2 个机器周期采样到$\overline{INT0}$为低电平时,则置"1"IE0,IE0 为 1 表示外部中断 0 正在向 CPU 响应中断,转向中断服务程序时,由硬件清零 IE0。

IT1:选择外部中断请求 1 为边沿触发方式或电平触发方式的控制位。其意义和 IT0 类似。

IE1:外部中断 1 有中断标志位。其意义和 IE0 的意义类似。

TF0:8051 片内定时器/计数器 T0 溢出中断申请标志位。当启动 T0 计数后,定时器/计数器 T0 从零开始加 1 计数,当最高位产生溢出时,由硬件置"1"TF0,向 CPU 申请中断,CPU 响应 TF0 中断时清零 TF0。TF0 也可由软件清零。

TF1:8051 片内的定时器/计数器 T1 的溢出中断申请标志位。其功能和 TF0 的功能类同。

当 8051 复位后,TCON 被清零。

SCON 为串行口控制寄存器,字节地址为 98H,SCON 的低二位锁存串行口的接收中断和发送中断标志,其格式如下:

	D7	D6	D5	D4	D3	D2	D1	D0
SCON							TI	RI
位地址							99H	98H

TI:8051 串行口的发送中断标志位。在串行口以方式 0 发送时,每当发送完 8 位数据,由硬件置"1"TI;若以方式 1、方式 2 或方式 3 发送时,在发送停止位的开始时置"1"TI,TI = 1 表示串行口发送正在向 CPU 申请中断,要发送的数据一旦写入串行口的数据缓冲器 SBUF,单片机内部的硬件就立即启动发送器继续发送。值得注意的是,CPU 响应发送器中断请求,转向

执行中断服务程序时并不清零 TI,TI 必须由用户的中断服务程序清零,即中断服务程序中必须用 CLR　TI 或 ANL　SCON,#0FDH 等清零 TI 的指令。

RI:串行口接收中断标志位。若串行口接收器允许接收,并以方式 0 工作,每当接收到第 8 位数据时置"1"RI;若以方式 1、2、3 工作,且 SM2 = 0 时,每当接收器接收到停止位的中间时置"1"RI,当串行口中以方式 2 或方式 3 工作,且 SM2 = 1 时仅当接收到的第 9 位数据 RB8 为 1 后,同时还要在接收到停止位的中间位置时置"1"RI,RI 为 1,表示串行口接收器正在向 CPU 申请中断,同样 RI 必须由用户的中断服务程序清零。

8051 复位后,SCON 也被清零。

5.2.3　中断控制

1)中断屏蔽

8051CPU 对中断源的开放或屏蔽,是由片内的中断允许寄存器 IE 控制的,IE 的字节地址为 A8H,其格式如下:

	D7	D6	D5	D4	D3	D2	D1	D0
IE	EA			ES	ET1	EX1	ET0	EX0
位地址	AFH			ACH	ABH	AAH	A9H	A8H

EA:8051 CPU 的中断开放标志位。EA = 1,CPU 开放中断;EA = 0,CPU 屏蔽所有的中断申请。

ES:串行口中断允许位。ES = 1,允许串行口中断;ES = 0,禁止串行口中断。

ET1:定时器/计数器 T1 的溢出中断允许位。ET1 = 1,允许 T1 中断;ET1 = 0,禁止 T1 中断。

EX1:外部中断 1 中断允许位。EX1 = 1,允许外部中断 1 中断;EX1 = 0 禁止外部中断 1 中断。

ET0:定时器/计数器 T0 溢出中断允许位。ET0 = 1 允许 T0 中断;ET0 = 0 禁止 T0 中断。

EX0:外部中断 0 中断允许位。EX0 = 1 允许外部中断 0 中断,EX = 0 禁止外部中断 0 中断。

8051 复位以后,IE 被清零,由用户程序置"1"或清零 IE 相应的位,实现允许或禁止各中断源的中断申请。若使某一个中断源允许中断,必须同时设置中断开放标志 EA 为"1"。更新 IE 的内容,可由位操作指令来实现,也可用字节操作指令实现。

2)中断优先级

8051 有两个中断允许优先级,对于每一个中断请求源可编程为高优先级中断或低优先级中断,可实现二级中断嵌套,一个正在执行的低优先级中断程序能被高优先级的中断源所中断。若 CPU 正在执行高优先级的中断,则不能被任何中断所中断,一直执行到结束,遇到返回指令 RETI,返回主程序后再执行一条指令才能响应新的中断申请。以上所述可归纳为下面两条基本规则:

①低优先级中断可被高优先级中断,反之不能。

②任何一种中断(不管是高级还是低级),一旦得到响应,不会再被它的同级中断所中断。

8051 的片内有一个中断优先级寄存器 IP,其字节地址为 B8H,只要用程序改变其内容,即可进行各中断源中断级别的设置,IP 寄存器格式如下:

	D7	D6	D5	D4	D3	D2	D1	D0
IP	/	/	/	PS	PT1	PX1	PT0	PX0
位地址				BCH	BBH	BAH	B9H	B8H

PS:串行口中断优先级控制位。PS = 1,串行口中断定义为高优先级中断;PS = 0,定义为低优先级中断。

PT1:定时器 T1 中断优先级控制位。PT1 = 1,定时器 T1 定义为高优先级中断;PT1 = 0,定时器 T1 中断定义为低优先级中断。

PX1:外部中断 1 中断优先级控制位。PX1 = 1,外部中断 1 定义为高优先级中断;PX1 = 0,外部中断 1 定义为低优先级中断。

PT0:定时器 T0 中断优先级控制位。PT0 = 1,定时器 T0 定义为高优先级中断;PT0 = 0,定时器 T0 定义为低优先级中断。

PX0:外部中断 0 中断优先级控制位。PX0 = 1,外部中断 0 定义为高优先级中断;PX = 0,外部中断 0 定义为低优先级中断。

中断优先级控制寄存器 IP 的各位都由用户程序置位和复位,可用位操作指令或字节操作指令更新 IP 的内容,以改变各中断源的中断优先级。8051 复位以后 IP 为 0,各个中断源均为低优先级中断。

为进一步了解 8051 中断系统的优先级,简单介绍一下 8051 的中断优先级结构。8051 的中断系统有两个不可寻址的"优先级激活"触发器。其中一个触发器指示某高优先级的中断正在执行,所有后来的中断都被阻止。另一个触发器指示某低优先级的中断正在执行,所有同级的中断都被阻止,但不阻断高优先级的中断。

同时收到几个同一优先级的中断要求时,哪个中断要求得到服务,取决于内部的查询顺序。这相当于在每个优先级内,同时存在另一个辅助优先结构,其优先顺序如下:

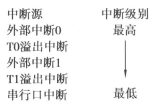

5.2.4　中断响应过程

8051 CPU 在每个机器周期顺序检查每一个中断源,在机器周期的 S6 采样并按优先级顺序处理所有被激活了的中断请求,如果没有被下述条件所阻止,将在下一个机器周期的状态 P1(S1)响应激活了的最高中断请求。

①CPU 正在处理相同的或更高优先级的中断。

②现行的机器周期不是所执行指令的最后一个机器周期。

③正在执行的指令是 RETI 或是访问 IE 或 IP 的指令。CPU 在 RETI 或访问 IE、IP 的指令后,至少需要再执行一条指令才会响应新的中断请求。

如果存在上述条件之一,CPU 将丢弃中断查询结果。

处理机响应中断时,先置相应的优先级状态触发器(该触发器指出 CPU 开始处理的中断优先级别),然后执行一个硬件子程序调用,把程序的入口地址送给程序计数器 PC,各中断源服务程序的入口地址为:

中断源	入口地址
外部中断 0	0003H
定时器/计数器 T0	000BH
外部中断 1	0013H
定时器/计数器 T1	001BH
串行口中断	0023H

处理程序从该地址开始一直执行到 RETI 指令为止,RETI 指令是中断服务程序结束的标志,CPU 执行完这条指令后,清零响应中断所置位的优先级状态触发器,然后将从堆栈中弹出顶上的两个字节送到程序计数器 PC,CPU 从原来中断处重新执行被中断的程序。由此可见,用户的中断服务程序末尾必须安排一条返回指令 RETI,CPU 现场保护和恢复必须由用户的中断服务程序实现。

5.2.5 外部中断的响应时间

INT0 和 INT1 电平在每一个机器周期的 S5P2 被采样并锁存到 IE0、IE1 中,新置入的 IE0、IE1 的状态等到下一个机器周期才被查询电路查询到。如果中断被激活,并且满足响应条件,CPU 会接着执行一条硬件子程序调用指令以转到相应的服务程序入口,该调用指令本身需要两个机器周期。这样,从产生外部中断请求到开始执行中断服务程序的第一条指令之间的时间至少需要 3 个完整的机器周期。

如果中断请求被 5.2.4 中列出的 3 个条件之一所阻止,则需要更长的响应时间。如果已经在处理同级或更高级中断,额外的等待时间取决于正在执行的中断服务程序的处理时间。如果正在处理的指令没有执行到最后的机器周期,所需的额外等待时间不会多于 3 个机器周期,原因在于最长的指令(乘法指令 MUL 和除法指令 DIV)只有 4 个机器周期。如果正在处理的指令为 RETI 或访问 IE、IP 的指令,额外的等待时间不会多于 5 个机器周期(执行这些指令最多需一个机器周期)。所以,在一个单一中断的系统里,外部中断响应时间总为 3~8 个机器周期。

5.2.6 外部中断的方式选择

外部中断有两种触发方式,即电平触发方式和边沿触发方式。

1)电平触发方式

若外部中断定义为电平触发方式,外部中断申请触发器的状态将随着 CPU 在每个机器周期采样到的外部中断输入线的电平变化而变化,大大提高 CPU 对外部中断请求的响应速度。当外部中断源被设为电平触发方式时,在中断服务程序返回之前,外部中断请求输入必须无效

（即变回高电平），否则 CPU 返回主程序后会再次响应中断。所以，外部中断的电平触发方式适合于外部中断输入以低电平输入而且中断服务程序能清除外部中断请求源的情况。

　　2）边沿触发方式

　　若外部中断定义为边沿触发方式，外部中断申请触发器能锁存外部中断输入线上的负跳变。即便是 CPU 暂时不能响应，中断申请标志也不会丢失。在这种方式里，如果相继连续两次采样，一个周期采样到外部中断输入为高，下个周期采样到外部中断输入低，则置位中断申请触发器，直到 CPU 响应此中断时才清零。此时，虽然不会丢失中断，但输入的负脉冲宽度至少保持 12 个时钟周期（若晶振频 6 MHz，则为 2 μs），才能被 CPU 采样到。所以，外部中断的边沿触发方式适合于以负脉冲形式输入的外部中断请求。

小　　结

　　本章主要介绍了单片机内部的定时/计数器和中断系统。其中定时/计数器包括两个 16 位定时/计数器 T0 和 T1，它们都受 TMOD 和 TCON 控制，既可定时又可计数。T0 有 4 种工作方式，T1 有 3 种工作方式。中断系统由 TCON、SCON、IE、IP 组成，使用时要注意中断的响应条件，对于外中断要注意外部中断的触发方式。

习　　题

　　1. 8051 单片机内部设有几个定时/计数器？它们由哪些专用寄存器组成？

　　2. 定时器/计数器用作定时时，其定时时间与哪些因素有关？定时器/计数器用作计数时，对外界计数频率有什么限制？

　　3. 简述定时/计数器的 4 种工作模式的特点，如何选择和设定？

　　4. 当定时/计数器 T0 用作模式 3 时，由于 TR1 位已被 T0 所占用，如何控制定时/计数器 T1 开启和关闭？

　　5. 定时/计数器能否用作外中断？若能，如何实现？

　　6. 什么是中断和中断系统？它的主要功能是什么？

　　7. 8051 有几个中断源，各中断标志是如何产生的，又如何复位的？ CPU 响应中断时，其中断入口地址各是多少？

　　8. 8051 单片机的中断系统有几个优先级？如何设定？

第**6**章
串行接口

8051 单片机具有 4 个 8 位并行口和串行接口。此串行接口是一个全双工串行通信接口，能同时进行串行发送和接收。它可以作 UART（通用异步接收和发送器），也可以作为同步移位寄存器。应用串行接口可以实现 8051 单片机系统之间点对点的单机通信、多机通信，也可以实现 8051 单片机与系统机（如 IBM-PC 机等）的单机或多机通信。

6.1 串行通信的基本概念

1）数据通信的概念

在实际工作中，计算机的 CPU 与外部设备之间要进行信息交换；一台计算机与其他计算机之间也经常要交换信息，所有这些信息交换均可称通信。

通信方式有并行通信和串行通信两种。通常，根据信息传送的距离决定采用哪种通信方式。例如，在 IBM-PC 机与外部设备（如打印机等）通信时，如果两者距离小于 30 m，可采用并行通信方式；如两者距离大于 30 m 时，则要采用串行通信方式。8051 单片机与打印机之间的数据传送属于并行通信。图 6.1(a)所示为并行通信的连接方法。并行通信在位数多、传送距离又远时不适用。

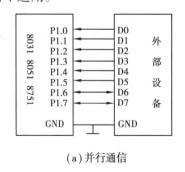

(a)并行通信

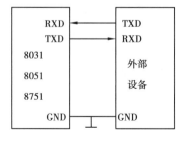

(b)串行通信

图 6.1 两种通信方式的连接方法

串行通信是指数据按顺序依次传送的通信方式，其优点是只需一对传送线（电话线就可作为传送线),这就可大大降低传送成本,特别适用于远距离通信;其缺点是传送速度较慢。如果并行传送 N 位数据所需时间为 T,那么串行传送相同数据所需的时间至少为 NT,实际传送时间总是大于 NT 的。图 6.1(b)所示为串行通信方式的连接方法。

2)串行通信的传送方向

串行通信的传送方向有 3 种:第 1 种是单向(或单工)配置,只允许数据向一个方向传送;第 2 种是半双向(或半双工)配置,允许数据向两个方向中的任一方向传送,但每次只能由一个站发送;第 3 种是全双向(或全双工)配置,允许同时双向传送数据,故全双工配置是一对单向配置,它要求两端的通信设备都具有完整的、独立的发送和接收能力。

图 6.2 所示为串行通信中的数据传送方向。

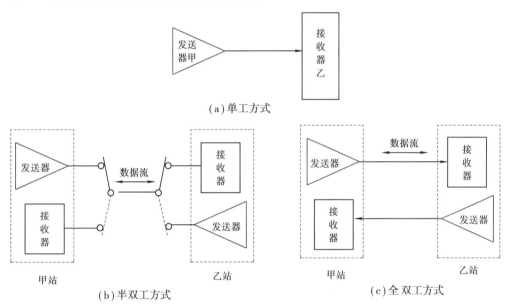

(a)单工方式

(b)半双工方式　　　　　　(c)全双工方式

图 6.2　串行通信的传送方向

(1)异步通信

串行通信有两种基本通信方式,即异步通信和同步通信。

在异步通信中,数据是一帧一帧(包含一个字符代码或一字节数据)传送的,每一串行帧的数据格式如图 6.3 所示。

在帧格式中,一个字符由 4 个部分组成,起始位、数据位。奇偶校验位和停止位。首先是起始位为"0",然后是 5~8 位数据(低位在前,高位在后),再接奇偶校验位(可省略),最后是停止位"1"。起始位"0"信号只占用一位,用于通知接收设备有待接收的字符,线路上在不传送字符时,应保持为"1"。接收端不断检测线路的状态,若连续为"1",之后又测到了"0",说明发来一个新字符,应马上准备接收。字符的起始位还被用作同步接收端的时钟,以保证以后的接收能正确进行。

起始位后面紧接数据位,它可以是 5 位(D0~D4)、6 位、7 位或 8 位(D0~D7)。

奇偶校验(D8)只占一位,但在字符中也可以不用奇偶校验位,即奇偶校验位可省去。也可用这一位(1/0)来确定这一帧中的字符所代表信息的性质(地址/数据等)。

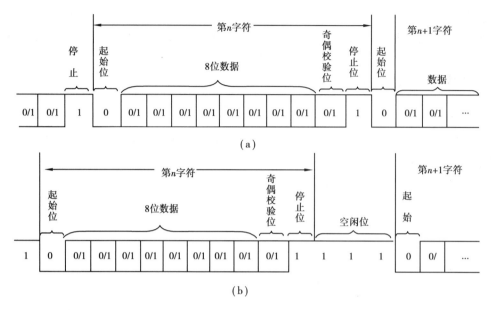

图 6.3 异步通信的一帧数据格式

停止位用来表示字符的结束,它一定是高电位(逻辑"1")。停止位可以是 1 位、1.5 位或 2 位。接收端收到停止位后,说明上一字符已传送完毕,同时,也为接收下一个字符做好准备。只要再收到"0",就是新的字符的起始位。若停止位以后不是紧接着传送下一个字符,则让线路上保持为"1"。图 6.3(a)表示一个字符紧接着另一个字符传送的情况,上一个字符的停止位和下一个字符的起始位是相邻的;图 6.3(b)则是两个字符间有空闲为的情况,空闲为"1"线路处于等待状态。存在空闲位是异步通信的特征之一。

(2)同步通信

在同步通信中,数据开始传送前用同步字符来指示(常约定为 1~2 个),并由时钟来实现发送端和接收端同步,即检测到规定的同步字符后就连续按顺序传送数据,直到通信完成。同步传送时,字符与字符间没有间隙,也不需要起始位和停止位,仅在数据块开始时用同步字符 SYNC 来指示,其数据格式如图 6.4 所示。

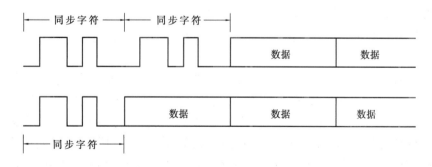

图 6.4 同步传送的数据格式

同步字符的插入可以是单同步字符方式或双同步字符方式,如图 6.4 所示。同步字符可以由用户约定,也可采用 ASCII 码中规定的 SYN 代码,即 16H。按同步方式通信时,先发送同步字符,接收方检测到同步字符后,再接收数据。

在同步传送时,要求用时钟来实现发送端与接收端之间的同步。为了保证接收正确的代码,发送方除了传送数据外,还要把时钟信号同步传送。

同步传送的优点是可以提高传送速率。

3)波特率

波特率(Baud rate)即数据传送速率,表示每秒钟传送二进制代码的位数,它的单位是位/秒(bps)。波特率对 CPU 与外界的通信很重要。假设数据传送速率是 120 字符/秒,而每个字符格式包含 10 个代码位(1 个起始位、1 个终止位、8 个数据位),这时传送的波特率为:

$$10 \times 120 \text{ 位/秒} = 1\,200 (\text{bps})$$

每一位代码的传送时间 T_d 为波特率的倒数。

$$T_d = \frac{1}{1\,200} = 0.833 (\text{ms})$$

波特率是衡量传输通道频宽的指标,它和传送数据的速率并不一致。如上例中,若去掉起始位和终止位,每一个数据实际只占 8 位。所以数位的传送速率为:

$$8 \times 120 = 960 (\text{位/s})$$

异步通信的传送速度为 50 ~ 19 200 波特。常用于计算机到终端机和打印机之间的通信、直通电报以及无线电通信的数据传送等。

6.2　串行口的结构

8051 单片机有一个可编程的全双工串行通信接口,它可作 UART,也可作同步移位寄存器。其帧格式可有 8 位、10 位或 11 位,并能设置各种波特率。

1)内部结构

8051 单片机通过引脚 RXD(P3.0,串行数据接收端)和引脚 TXD(P3.1,串行数据发送端)与外界进行通信。其内部结构示意图如图 6.5 所示。图 6.5 中有两个物理上独立的接收、发送缓冲器 SBUF,它们占用同一地址 99H,可同时发送、接收数据。发送缓冲器中,数据只能写入,不能读出,接收缓冲器中,数据只能读出、不能写入。

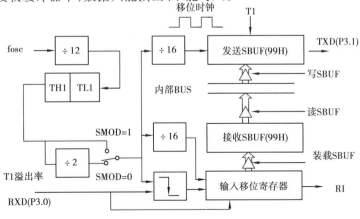

图 6.5　串行口内部结构示意简图

95

串行发送与接收数据的速率与移位时钟同步。8051 用定时器 T1 作为串行通信的波特率发生器,T1 溢出率经 2 分频(或不分频)又经 16 分频作为串行发送或接收的移位脉冲。移位脉冲的速率即是波特率。

从图 6.5 中可看出,接收器是双缓冲结构,在前一个字节被接收缓冲器 SBUF 读出之前,第二个字节已开始被接收(串行输入移位寄存器)。但是,在第二个字节接收完毕,而前一个字节被 CPU 读取时,会丢失前一个字节。

串行口的发送和接收都是以特殊功能寄存器 SBUF 的名义进行读或写的,当向 SBUF 发送"写"命令时(执行 MOV SBUF,A 指令),即向发送缓冲器 SBUF 装载并开始由 TXD 引脚向外发送一帧数据,之后再发送中断标志位 TI = 1。

在满足串行口接收中断标志位 RI(SCON.0) = 0 的条件下,置允许接收位REN(SCON.4) = 1就会启动接收一帧数据进入输入移位寄存器,并装载到接收 SBUF 中,同时 RI = 1。当发送 SBUF 命令时(MOV A,SBUF 指令),即由接收缓冲器(SBUF)取出信息,通过 8051 内部总线送至 CPU。

2)控制寄存器(SCON)98H

8051 串行口是可编程接口,对其初始化编程只需用两个控制字分别写入特殊功能寄存器 SCON(98H)和电源控制寄存器 PCON(87H)中。

8051 串行通信的方式选择、数据接收和发送控制以及串行口的状态标志等均由特殊功能寄存器 SCON 控制和指示,其控制字格式如图 6.6 所示。

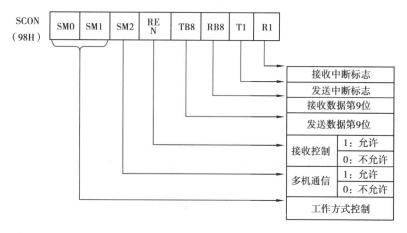

图 6.6 串行口控制寄存器 SCON 的控制字格式

(1)SM0 和 SM1(SCON.7、6)

SM0 和 SM1(SCON.7、6)是串行口工作方式选择位。两个选择位对应 4 种工作方式见表 6.1,其中 f_{osc} 是振荡频率。

(2)SM2(SCON.5)

SM2 是多机通信控制位,主要用于方式 2 和方式 3。若置 SM2 = 1,则允许多机通信。多机通信协议规定,第 9 位数据(D8)为 1,说明本帧数据为地址帧;若第 9 位为 0,则本帧为数据帧。当一个 8051(主机)与多个 8051(从机)通信时,所有从机的 SM2 位都置为 1。主机首先发送的一帧数据为地址,即某从机机号,其中第 9 位为 1,被寻地址的某个从机接收到数据后,将其中第 9 位装入 RB8。从机根据收到的第 9 位数据(RB8 中)的值决定从机可否再接收主机的信息,若(RB8)=0,说明是数据帧,则接收中断标志位 RI=0,信息丢失;若(RB8)=1,说明是地址帧,数据装入 SBUF 并置 RI=1,中断所有从机,被寻址的目标从机清除 SM2 以接收主机发来的一帧数据。其他从机仍然保持 SM2=1。

表 6.1　串行口的工作方式

SM0	SM1	工作方式	说　明	波特率
0	0	方式 0	同步移位寄存器	$f_{osc}/12$
0	1	方式 1	10 位异步收发	由定时器控制
1	0	方式 2	11 位异步收发	$f_{osc}/32$ 或 $f_{osc}/64$
1	1	方式 3	11 位异步收发	由定时器控制

若 SM2=0,不属于多机通信情况,则接收一帧数据后,不管第 9 位数值是"0"还是"1",都置 EI=1,接收到的数据装入 SBUF 中。

根据 SM2 这个功能,可实现多个 8051 应用系统的串行通信。

在方式 1 时,若 SM2=1,则只有接收到有效停止位时,EI 才置 1,以便接收下一帧数据。

在方式 0 时,SM2 必须是 0。

(3)REN(SCON.4)

允许接收控制位。由软件置 1 或清零,只有当 REN=1 时才允许接收,相当于串行接收的开关;若 REN=0,则禁止接收。

在串行通信接收控制程序中,如果满足 RI=0,置位 REN=1(允许接收)的条件,则启动一次接收过程,一帧数据就装载入接收 SBUF 中 。

(4)TB8(SCON.3)

发送数据的第 9 位(D8)装入 TB8 中。在方式 2 或方式 3 中,根据发送数据的需要由软件置位或复位。在许多通信协议中可作奇偶校验位,也可在多机通信中作为发送地址帧或数据帧的标志位。若 TB8=1,说明发送该帧数据为地址;若 TB8=0,说明发送该帧数据为数据字节。在方式 0 和方式 1 中,该位未用。

(5)RB8(SCON.2)

接收数据的第 9 位。在方式 2 或方式 3 中,接收到的第 9 位数据放在 RB8 位。它是约定的奇/偶校验位,或是约定的地址/数据标识位。在方式 2 和方式 3 多机通信中,若 SM2=1,RB8=1,说明收到的数据为地址帧。

在方式 1 中,若 SM2=0(即不是多机通信情况),RB8 中存入的是已接收到的停止位。

在方式 0 中,该位未用。

(6)TI(SCON.1)

发送中断标志。在一帧数据发送完时被置位。方式 0 串行发送到第 8 位结束时,或其他方式串行发送到停止位的开始时,由硬件置位,可用软件查询。同时也可申请中断,TI 置位表示向 CPU 提供"发送缓冲器 SBUF 已空"的信息,CPU 准备发送下一帧数据。串行口发送中断被响应后,TI 不会自动复位,必须由软件清零。

（7）RI（SCON.0）

接收中断标志。在接收到一帧有效数据后由硬件置位。在方式 0 中,第 8 位数据发送结束时,由硬件置位;在其他 3 种方式中,在接收到停止位中间时由硬件置位。RI = 1,申请中断,表示一帧数据接收结束,并已装入接收 SBUF 中,要求 CPU 取走数据。CPU 响应中断,取走数据。RI 也必须由软件清零,解除中断申请,并准备接收下一帧数据。

串行发送中断标志 TI 和接收中断标志 RI 是同一个中断源,CPU 不知道是发送中断 TI 还是接收中断 RI 产生的中断请求,因此在全双工通信时,必须由软件来判别。

复位时,SCON 所有位均清零。

3）**电源控制寄存器** PCON（87H）

电源控制寄存 PCON 中只有一位 SMOD 与串口工作有关,如图 6.7 所示。

SMOD（PCON.7）波特率倍增位。串行口工作在方式 1、方式 2 和方式 3 时,波特率和 2^{SMOD} 成正比,即当 SMOD = 1 时,波特率提高一倍,复位时,SMOD = 0。

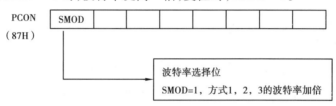

图 6.7　电源控制寄存器 PCON

6.3　串行口的工作方式

根据实际需要,8051 串行口可设置 4 种工作方式,有 8 位、10 位和 11 位帧格式。

方式 0 以 8 位数据为一帧传输,不设起始位和停止位,先发送或接收最低位。其帧格式如下:

…	D0	D1	D2	D3	D4	D5	D6	D7

方式 1 以 10 位数据为一帧传输,设有 1 个起始位"0",8 个数据位和 1 个停止位"1"。其帧格式如下:

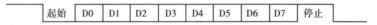

方式 2 和方式 3 以 11 位数据为一帧传输,设有 1 个起始位"0",8 个数据位,1 个附加第九位和 1 个停止位"1"。其帧格式如下:

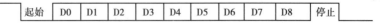

附加第九位（D8）由软件置 1 或清零。发送时在 TB8 中,接收时在 RB8 中。

1)串行口方式0

方式0为同步移位寄存器的输入/输出方式,常用于扩展 I/O 口。串行数据通过 RXD 输入或输出,而 TXD 用于输出移位时钟,作为外接部件的同步信号,图6.8为发送电路及时序,图6.9为接收电路及时序。这种方式不适用于两个8051之间的直接数据通信,但可通过外接移位寄存器来实现单片机的接口扩展。例如,采用74LS164可用于扩展并行输出口,74LS165可用于扩展输入口。在这种方式下,收/发的数据为8位,低位在前,无起始位、奇偶效验位及停止位,波特率固定为振荡器频率f_{osc}的/12,即

$$方式0 波特率 = f_{osc} \times \frac{1}{2}$$

例如,当晶体振荡频率为12 MHz 时,则波特率为1 Mb/s。发送、接收时序如图6.8(b)和图6.9(b)所示。

在发送过程中,当执行一个数据写入发送缓冲器 SBUF(99H)的指令时,串行口把 SBUF 中8位数据以f_{osc}/12的波特率从 RXD(P3.0)端输出,发送完毕置中断标志 TI = 1。方式0发送时序如图6.8(b)所示。写 SBUF 指令在 S6P1 处产生一个正脉冲,在下一个机器周期的S6P2 处,数据的最低位输出到 RXD(P3.0)脚上;在下一个机器周期的 S3、S4、S5 输出移位时钟为低电平,而在 S6 及下一个机器周期的 S1、S2 为高电平,将8位数据由低位至高位一位一位的顺序通过 RXD 线输出,并在 TXD 脚上输出f_{osc}/12的移位时钟。在"写 SBUF"有效后的第10机器周期的 S1P1 将发送中断标志 TI 置位。图6.8(a)中74LS164是 TTL"串入并出"移位寄存器。

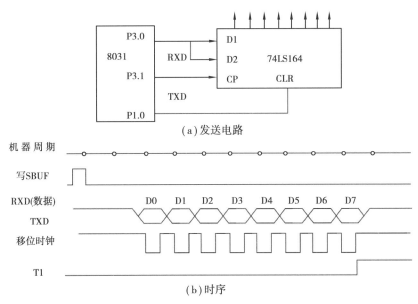

(a)发送电路

(b)时序

图6.8 串行口方式0发送电路及时序

接收时,用软件置 REN = 1(同时 RI = 0),即开始接收。接收时序如图6.9(b)所示,当 SCON 中的 REN = 1(RI = 0)时,会产生一个正的脉冲。在下一个机器周期的 S3P1 ~ S5P2 从 TXD(P3.1)脚上输出低电平的移位时钟,在此机器周期的 S5P2 对 P3.0 脚采样,并在本机器周期的 S6P2 通过串行口内的输入移位寄存器将采样值移位接收;在同一个机器周期的 S6P1

到下一个机器周期的 S2P2,输出移位时钟为高电平。将数据字节由低位至高位依次一位一位地接收并装入 SBUF 中。启动接收过程(即写 SCON,清 RI 位)并将 SCON 中的 RI 清零之后的第 10 个机器周期的 S1P1,RI 被置位。这一帧数据接收完毕,可进行下一帧接收。图 6.9(a)中 74LS165 是 TTL"并入串出"移位寄存器。

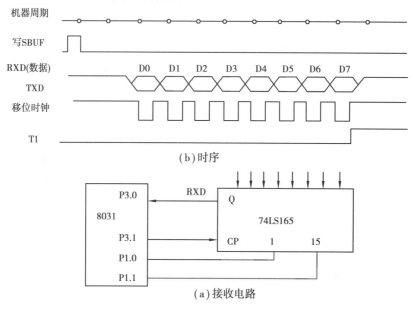

图 6.9　串行口方式 0 接收电路及时序

2)串行口方式 1

方式 1 用于串行发送或接收,为 10 位通用异步接口。TXD 与 RXD 分别用于发送和接收数据。收发一帧数据的格式为 1 位起始位、8 位数据位(低位在前)、1 位停止位,共 10 位。在接收时,停止位进入 SCON 的 RB8,此方式的传送波特率可调。

串行口方式 1 的发送和接收时序如图 6.10 所示。

方式 1 发送时,数据从引脚 TXD(P3.1)端输出。当执行数据写入发送缓冲器 SBUF 的命令时,即启动发送器。发送时的定时信号,即发送移位时钟(TX 时钟),是由定时器 T1(图 6.10)送来的溢出信号经过 16 分频或 32 分频(取决 SMOD 的值)而取得的。TX 时钟的频率就是发送的波特率,可见方式 1 中波特率是可变的。发送开始的时,SEND 变为有效,将起始位向 TXD 输出,此后,每经过一个 TX 时钟周期(16 分频计数器溢出一次为一个时钟周期产生一个移位脉冲,并由 TXD 输出一个数据位。8 位数据位全部发送完后,置位 TI,并申请中断,置 TXD 为 1 作为停止位。再经一个时钟周期SEND失效。

方式 1 接收时,数据从引脚 RXD(P3.1)端输出。接收是在 SCON 寄存器中 REN 置位 1 的前提下,检测到起始位(RXD 上检测到"1"→"0"的跳变,即起始位)而开始。接收时,定时信号有两种[图 6.10(b)]。一种是接收移位时钟(RX 时钟),它的频率和传送波特率相同,由定时器 T1 的溢出信号经过 16 或 32 分频而得到;另一种是位检测器采样脉冲,它的频率是 RX 时钟的 16 倍,即在一位数据的期间有 16 位检测器采样脉冲,为完成检测,以 16 倍于波特率的速率对 RXD 进行采样。为了接收准确无误,在正式接收数据之前,还必须判定这个"1"→"0"跳变是否由干扰引起。为此,在这位中间(即一位时间分成 16 等份,在第 7、8 及 9 等份)连续采样 3 次,取其中两次相同的值判断所检测的值,以便较好地消除干扰的影响。确认是真正的起始位"0"后,就开始接收一帧数据。一帧数据接收完毕后,必须同时满足以下两个条件,此次接收才真正有效。

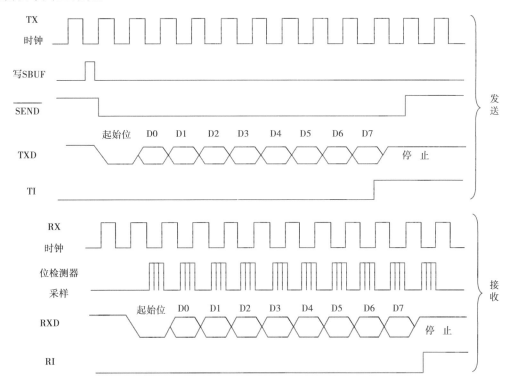

图 6.10　单行口方式 1 发送、接收时序

①RI = 0,即上一帧数据接收完成时,RI = 1 发出的中断请求已响应,SBUF 中数据已被取走。由软件使 RI = 0,以便提供"接收 SBUF 已空"的信息。

②SM2 = 0 或收到的停止位为"1"(方式 1 时停止位进入 RB8),则将接收到的数据装入串行口 SBUF 和 RB8(RB8 装入停止位),并置位 RI;如果不满足,接收到的数据不能装入 SBUF,这说明该帧信息将会丢失。

必须注意的是:在整个接收过程中,保证 REN = 1 是一个先决条件。只有当 REN = 1,才能对 RXD 进行检测。

3)串行口方式 2 和方式 3

串行口工作方式 2 和方式 3 均为每帧 11 位异步通信格式,由 TXD 和 RXD 发送与接收(两种方式操作完全一样,不同的只是波特率)。每帧 11 位:1 位起始位,8 位数据位(低位在前),1 位可编程的第 9 数据位和 1 位停止位。发送时,第 9 数据位(TB8)可以设置为 1 或 0,也可将奇偶校验位装入 TB8 从而进行奇偶校验;接收时,第 9 数据位进入 SCON 的 RB8。

方式 2 和方式 3 的发送、接收时序如图 6.11 所示。其操作方式 1 类似。

发送前,先根据通信协议由软件设置 TB8(如作奇偶校验或地址/数据标志位),然后将要发送的数据写入 SBUF,启动发送过程。串行口自动把 TB8 取出,并装入第 9 位数据的位置,再逐一发送出去。发送完毕,使 TI = 1。

接收时,使 SCON 中的 REN = 1,允许接收。当检测到 RXD(P3.0)端有"1"到"0"的跳变(起始位)时,开始接收 9 位数据,送入移位寄存器(9 位)。当满足 RI = 0 且 SM2 = 0 或接收到的第 9 位数据,送入移位寄存器(9 位)。当满足 RI = 0 且 SM2 = 0 或接收到的第 9 位数据为 1 时,前 8 位数据送入 SBUF,附加的第 9 位数据送入 SCON 中的 RB8,置 RI 为 1;否则,这次接收无效,也不置位 RI。

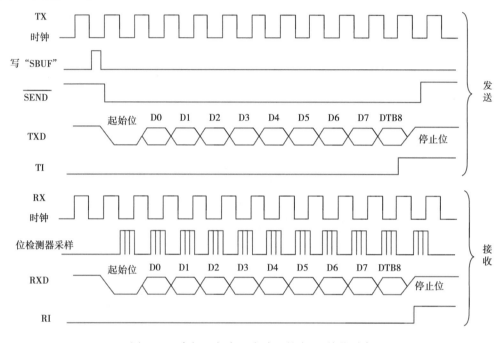

图 6.11 串行口方式 2、方式 3 的发送、接收时序

6.4 波特率的设定方法

在串行通信中,收发双方对发送或接收的数据速率要有一定的约定,用户通过软件对 8051 串行口编程可约定 4 种工作方式。其中,方式 0 和方式 2 的波特率是固定的;方式 1 和方式 3 的波特率是可变的,由定时器 T1 溢出率来决定。

串行口的 4 种工作方式对应 3 种波特率。因为输入移位时钟的来源不同,其波特率计算公式也不同。

1)方式 0 的波特率

由图 6.12 可知,方式 0 是由移位时钟脉冲 S6(即第 6 个状态周期,第 12 个节拍)给出,即每个机器周期可产生一个移位时钟,发送或接收一位数据。因此,波特率固定为振荡频率的 1/12,并不受 PCON 寄存器中 SMOD 位的影响。

$$方式 0 \text{ 波特率} = \frac{f_{osc}}{12}$$

f_{osc}
÷12
S6
发送SBUF(99H)
TXD
(P3.1)
输入移位寄存器
RXD
(P3.0)

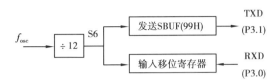

图6.12　串行口方式0的波特率

2)方式2的波特率

串行口方式2波特率的产生与方式0不同,即输入的时钟源不同,其时钟源输入部分如图6.13所示。控制接收与发送的移位时钟由振荡频率f_{osc}的第二节拍P2时钟(即$f_{osc}/2$)给出,因此,方式2波特率取决于PCON中SMOD位的值:当SMOD=0时,波特率为f_{osc}的1/64;若SMOD=1,则波特率为f_{osc}的1/32,即

$$方式2波特率=\frac{2^{SMOD}}{64}f_{osc}$$

f_{osc}
÷2
÷2
÷16
÷16
发送SBUF(99H)
TXD
(P3.1)
输入移位寄存器
RXD(P3.0)

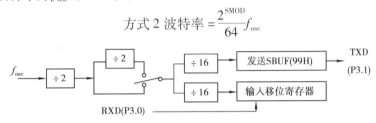

图6.13　串行口方式2的时钟源输入部分

3)方式1和方式3的波特率

方式1和方式3的移位时钟脉冲由定时器T1的溢出率决定(图6.14),因此,8051串行口方式1和方式3的波特率由定时器T1溢出率与SMOD值同时决定。即

$$方式1、3波特率=\frac{T1溢出率}{n}$$

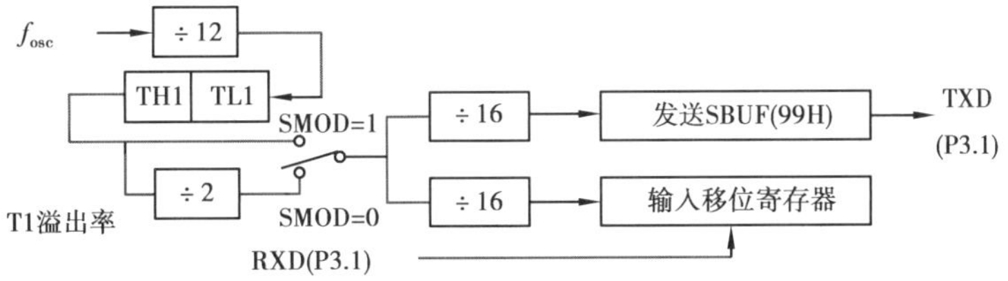

f_{osc}
÷12
TH1
TL1
SMOD=1
÷2
SMOD=0
T1溢出率
÷16
÷16
发送SBUF(99H)
TXD
(P3.1)
输入移位寄存器
RXD(P3.1)

图6.14　串行口方式1和3的波特率

当SMOD=0时,$n=32$;SMOD=1时,$n=16$。所以,可用下式确定方式1和方式3的波特率

$$方式1、方式3波特率=\frac{2^{SMOD}}{32}\times(T1溢出速率)$$

其中,T1溢出速率取决于T1的计数速率(计数速率$=\frac{f_{osc}}{12}$)和T1预置的初值。若定时器T1采用模式1时,波特率公式如下

$$串行方式1、方式3波特率=\frac{2^{SMOD}}{32}\times\frac{\frac{f_{osc}}{12}}{(2^{16}-初值)}$$

表 6.2 列出了串行口方式 1、3 常用波特率及其初值。

定时器 T1 用作波特率发生器时,通常选用定时器模式 2(自动重装初值定时器)比较实用。要设置定时器 T1 为定时方式(使 $C/\overline{T}=0$),使 T1 计数内部振荡脉冲,即计数速率为 $f_{osc}/12$(注意应防止 T1 中断,以免溢出而产生不必要的中断)。须先设定 TH1 和 TL1 定时计数初值为 X,每经过"2^8-X"个机器周期,定时器 T1 就会产生一次溢出。因此 T1 溢出速率为

$$T1 = \frac{\frac{f_{osc}}{12}}{2^8 - X}$$

根据串行口方式 1、方式 3 波特率 $= \frac{2^{SMOD}}{32} \times \frac{f_{osc}}{12 \times (256 - X)}$

可得出定时器 T1 模式 2 的初值 x。

$$x = 256 - \frac{f_{osc} \times (SMOD + 1)}{384 \times 波特率}$$

表 6.2　串行口方式 1、3 常用波特率与其他参数选取关系

串行口工作方式	波特率	f_{osc}	SMOD	定时器 T1		
				$C/\overline{T}$	模式	定时器初值
方式 0	1 MHz	12 MHz	×	×	×	×
方式 2	375 K	12 MHz	1	×	×	×
	187.5 K	12 MHz	0	×	×	×
方式 1 或 方式 3	62.5 K	12 MHz	1	0	2	FFH
	19.2 K	11.059 MHz	1	0	2	FDE
	9.6 K	11.059 MHz	0	0	2	FDH
	4.8 K	11.059 MHz	0	0	2	FAH
	2.4 K	11.059 MHz	0	0	2	FAH
	1.2 K	11.059 MHz	0	0	2	F8H
	137.5 K	11.059 MHz	0	0	2	1DH
	110	12 MHz	0	0	1	FEEBH
方式 0	0.5 MHz	6 MHz	×	×	×	×
方式 2	187.5 K	6 MHz	1	×	×	×
方式 1、3	19.2 K	6 MHz	1	0	2	FEH
	9.6 K	6 MHz	1	0	2	FDH
	4.8 K	6 MHz	0	0	2	FDH
	2.4 K	6 MHz	0	0	2	FAH
	1.2 K	6 MHz	0	0	2	F4H
	0.6 K	6 MHz	0	0	2	E8H
	110	6 MHz	0	0	2	72H
	55	6 MHz	0	0	1	FEEBH

【例 6.1】　8051 单片机时钟振荡频率为 11.059 2 MHz,选用定时器 T1 工作方式 2 作为波特率发生器,波特率为 2 400 波特,求初值。

解:设置波特率控制位(SMOD) = 0

$$x = 256 - \frac{11.059\ 2 \times 10^6 \times (0 + 1)}{384 \times 2\ 400} = 244D = F4H$$

故(TH1) = (TL1) = F4H

系统晶振频率选为 11.059 2 MHz,是为了使初值为整数,从而产生精确的波特率。

如果串行通信选用较低的波特率,可将定时器 T1 置于方式 0 或方式 1,即 13 位或 16 位定时方式;在这种情况下,T1 溢出时,需用中断服务程序重装初值(详见 3.3 节)。中断响应时间和执行指令时间会使波特率产生一定的误差,可用改变初值的办法加以调整。

小　结

本章介绍了串行通信的基本概念,详细讲解了单片机内部串行口的结构及其相关特殊功能寄存器的控制方法,并从用户的角度分析了单片机串行口 4 种工作方式的使用方法及其波特率的设定方法。应用串行接口可以实现 8051 单片机系统之间点对点的单机通信、多机通信和 8051 与系统机(如 PC 机等)的单机或多机通信。

习　题

1. 若晶振为 11.059 2 MHz,串行口工作方式 1,波特率为 4 800 bps,写出用 T1 作为波特率发生器的方式字和计数初值。

2. 8051 串行口有哪几种工作方式? 各种工作方式有何不同?

3. 8051 中 SCON 的 SM2、TB8、RB8 有何作用?

第 **7** 章
单片机硬件扩展

MCS-51 单片机的特点之一是硬件设计简单,系统结构紧凑。对简单的应用,MCS-51 单片机的最小系统就能满足其功能要求;而对复杂的应用,则必须对其进行扩展,才能构成功能较强、规模较大的系统。

7.1　单片机键盘扩展

在单片机应用系统中,有时需要进行人机交互。最为常用的输入手段是通过按键向单片机输入数据和选择系统功能的命令。一组按键又称键盘,它是单片机应用系统中完成控制参数输入及修改的基本输入设备,是人工干预系统的重要手段。在硬件方面,需要设计键盘与单片机的接口电路;在软件方面,需设计键盘按键判断与识别程序。

7.1.1　键盘扩展

(1)键盘选择

首先是译码方式的选择。按键值编码方式分为(硬件)编码键盘与非(硬件)编码键盘。编码键盘是采用硬件编码/译码器件,对按下的键进行判断与译码,直接输出相应的键码/键值。其特点是需要专用硬件译码,编码固定,编程简单;适用于大规模的键盘,如常用的计算机的大、小键盘。非编码键盘是采用软件编码/译码,通过扫描方式,识别按键并计算或查表输出相应的键码/键值。其特点是无需专用硬件译码,编码灵活,编程较复杂;适用于小规模的键盘,单片机应用系统常采用这类键盘。

其次是键盘形式的选择。按键组连接方式分为独立连接键盘与矩阵连接键盘。独立连接键盘是每键独立与一条 I/O 线相连,通过程序直接读取该 I/O 线的高/低电平状态,并判断按键按下与否;适用于键数少的系统中。其特点是占 I/O 口线多,但判键速度快,不需要编码转换,多用于设置控制键、功能键。矩阵连接键盘是按键采用矩阵式排列,各键处于矩阵行/列的结点处,通过程序对连在行(列)的 I/O 线传送已知电平的信号,然后读取列(行)线的状态信息。逐线扫描,确定按下键的位置,并输出对应的键码/键值。适用于需要较多数字键的系统。其特点是可用较少 I/O 口连接较多的键,执行的判键程序时间较长。

（2）键盘"防抖"处理

目前的按键大多是采用机械触点的闭合、释放来实现键按下的信号输入。由于机械触点的弹性作用，按键的闭合及释放的瞬间不会立刻稳定地通、断，而会出现"抖动"现象。按键过程中的电压信号变化如图7.1所示，其中抖动的时间长短与开关的机械特性有关，一般为5～10 ms。这个抖动可能会导致运行程序认为出现多次按键，导致系统错误执行。

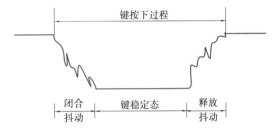

图7.1　按键抖动波形

为了保证执行程序对按键的一次闭合仅作一次按键输入处理，必须消除抖动影响。常用的消除抖动的方法有硬件方式和软件方式。硬件去抖动，采用电路延时方法，可用专门的自动去抖动的接口芯片。例如，8279接口芯片的去抖动功能。或者在键盘电路中附加去抖动电路，以抑制抖动的产生，例如可使用双稳态电路或滤波电路等。

软件去抖动是采用延时程序以避开按键的抖动过程，进入键稳定状态后，再进行列线状态的输入和判定。而键的稳定闭合时间，与操作者的按键动作有关，一般为十分之几秒到几秒不等。这样10～20 ms的延时，既可以避开抖动，又不会超出键稳定闭合的时间区间。在单片机应用系统中，为了减少硬件开销，降低功耗，常采用软件去抖动方式。

7.1.2　独立键盘扩展

（1）键盘查询

键盘查询主要用于功能按键扩展上，各键连接独立、功能独立。如图7.2所示，利用P1口的4个引脚分别接Play、Stop、Pause和Step 4个功能键。

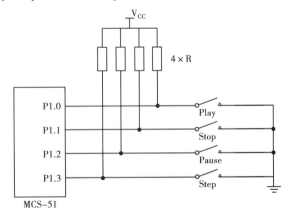

图7.2　独立键盘查询方式

采用键盘查询方式需要主程序定时调用，否则可能导致按键动作漏判。4个按键执行的优先级由指令顺序决定。

（2）键盘中断

针对查询方式按键可能存在的漏判,在硬件电路中,可增加与门,将 4 个按键信号作为与门输入。与门输出接单片机外部中断 1 的引脚,如图 7.3 所示。此时采用中断方式捕获按键动作。

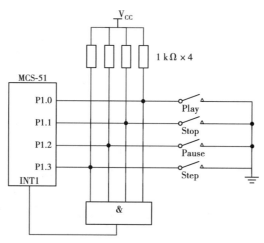

图 7.3　独立键盘中断方式

采用中断方式,不会漏判,而且省时,按键的优先级由指令顺序决定。

7.1.3　矩阵键盘扩展

（1）行扫描方式

矩阵键盘如图 7.4 所示。

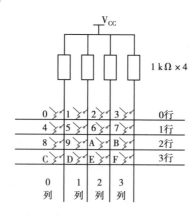

图 7.4　矩阵键盘扫描方式

首先分析一下键盘键值的规律,每行最左边的键值(称为行首值)与行号存在的关系是:行首值 = 行号 × 4,每行键值与行首值存在的关系是:键值 = 行首值 + 列号 = 行号 × 4 + 列号。由此可见,只要确定按键在哪一行和哪一列就可计算出键值。

要获取按键的位置,需通过程序进行判键闭合和识别键两个过程。判键闭合是确定键盘中是否有键闭合,其过程是先使行线输出口输出全 0,再读取列线状态,若列线状态为全 1,则表明无键被按下;若不为全1,则表明有键被按下。只有键被按下时,行线与列线在闭合交点处才接通,穿过闭合键的那条列线变为低电平。发现闭合键后就转入识别键的过程。若没有键闭合则返回,重复进行判键闭合的过程。

识别键就是键盘扫描过程,其过程是依次使每一条行线中输出低电平,接着读取列线状态进行有无闭合键的判定。发现哪一根列线为低电平,说明该列有键按下,结合此时输出低电平的行线,就可以确定按键的具体行号和列号了。

(2)反转法

在反转法中,连接行线和列线的并行端口都应是双向端口,既可以输入,也可以输出。通过程序向行线上全部送0,然后读得所有列线的值。再将刚才读得的列线数据从列线所接并行口输出,后读入此时所有行线的值。将获得的行线值与列线值组合成按键的键码。以4×4扩展矩阵为例,用单片机的P1口作键盘I/O口,行线连接P1口的低4位,列线连接P1口的高4位,如图7.5所示。假如2号键按下,程序从行线输出全0后,读取列线值为1101 B;反之,从列线输出1101 B后,读取行线值为1110 B。行线值和列线值合起来得到一个数值11011110 B,即DEH,这是对应第0行第1列的键1的唯一键码,可以通过计算或查表获得最终的键值。

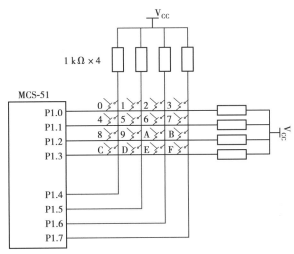

图7.5　矩阵键盘反转法

7.2　单片机显示扩展

7.2.1　LED显示器扩展

(1)LED显示器结构方式

LED就是发光二极管(Light Emiting Diode),它是将电信号转换为光信号的电致发光器件。LED显示器由条形发光二极管组成,通过控制发光二极管的亮暗组合,显示多种数字、字母及其他符号,如图7.6所示,也称为数码管。常用数码管有7段数码管和8段数码管。7段数码管由 7 个条形发光二极管组成。8 段数码管是在 7 段发光二极管的基础上加一个圆点型发光二极管(图 7.6(a)以 h 表示),用于显示小数点。

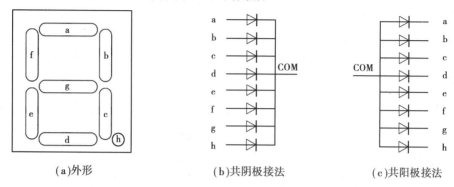

（a)外形　　　　　　　　(b)共阴极接法　　　　　　(c)共阳极接法

图 7.6　8 段 LED 显示器

　　LED 显示器根据发光二极管的公共引脚的接法分为两种。一种是共阳极 LED 显示器,即 8 个发光二极管的阳极都连在一起,公共端接高电平,阴极端接低电平点亮,接高电平不亮,如图 7.6(c)所示;另一种是共阴极 LED 显示器,即 8 个发光二极管的阴极都连在一起,公共端接地,阳极端接高电平点亮,接低电平不亮,如图 7.6(b)所示。共阴和共阳结构的 LED 显示器各笔划段名及安排位置是相同的。每段工作电流为 5～10 mA,一只数码管的 8 段 LED 全亮需要电流为 40～80 mA。这样大的电流需要由驱动电路提供,因此,使用时要注意数码管的驱动问题。由于 LED 具有发光响应快、亮度强、高频特性;体积小、质量轻、机械性能好;工作电压低、驱动电流适中;寿命长等特点,因此,使用非常广泛。

　　(2)LED 显示译码方式

　　LED 译码就是 LED 显示不同数字或符号的各段状态组合,即字形代码,也称为 LED 的段码。常用的译码方式有硬件译码和软件译码。硬件译码是通过专用的译码器件提供固定的段码给 LED 显示,如常用的 BCD 码转 7 段共阴译码/驱动芯片 74LS48,BCD 码转 7 段共阳译码/驱动芯片 74LS47。此种译码方式,编程简单、字形固定,但硬件开销大、成本高。软件译码是通过编程提供段码给 LED 显示。这种方式,编程复杂,字型灵活,节省译码器件,成本低。下面来研究一下软件译码的段码。7 段数码管的段码为 7 位,8 段数码管的段码为 8 位,可用一个字节表示。8 个笔划段 hgfedcba 对应于一个字节(8 位)的 D7 D6 D5 D4 D3 D2 D1 D0,见表 7.1,这样可用 8 位二进制不同组合表示各种显示字符的字形代码。

表 7.1　段位与段名对应关系表

段　位	D7	D6	D5	D4	D3	D2	D1	D0
段　名	h	g	f	e	d	c	b	a

　　当二极管导通时,相应的笔划段发亮,由发亮的笔划段组合显示各种字符。段码的值与数码管公共引脚的接法(共阳极和共阴极)有关。以 8 段数码管为例,显示十六进制数的段码值在表 7.2 中列出。

表7.2 十六进制数段码表

数 字	共阴极段码	共阳极段码	数 字	共阴极段码	共阳极段码
0	3FH	C0H	9	6FH	90H
1	06H	F9H	A	77H	88H
2	5BH	A4H	b(B)	7CH	83H
3	4FH	B0H	C	39H	C6H
4	66H	99H	d(D)	5EH	A1H
5	6DH	92H	E	79H	86H
6	7DH	82H	F	71H	8EH
7	07H	F8H	全亮	FFH	00H
8	7FH	80H	全黑	00H	FFH

必须注意的是:很多产品为方便接线,常不按规则的方法去对应字段与位的关系,这时字形码就必须根据接线来确定本系统显示的段码表。

(3)LED 显示方式

在单片机应用系统中,LED 显示器的显示常用静态显示和动态扫描显示两种方法。

单片机中应用最为广泛的一种 LED 显示方式是动态扫描显示接口。其接口电路形式是每一个显示器的公共端 COM 分别用独立的 I/O 线控制,称为位控;而将所有 LED 显示器的同名段分别连在一起形成共用的 abcdefgh 端,只用一个 8 位并行 I/O 线控制,称为段控。程序向段控输送段码时,所有显示器收到相同的字形码,但最终哪个显示器亮,则受接在 COM 端的位控 I/O 线控制。动态扫描是指程序采用分时的方法,轮流控制各个显示器的 COM 端,使各个显示器轮流点亮。在轮流点亮扫描过程中,每位显示器的点亮时间是极为短暂的(约 1 ms),利用人的视觉暂留现象及发光二极管的余晖效应,给人的印象就是一组稳定的显示数据,不会有闪烁感。而实际上,某一时刻,只有一个显示器是点亮的,为了保持这种显示,这段程序必须定时反复执行。

图 7.7 所示就是利用 8255 并行接口扩展,实现的 4 位共阴 LED 显示器的动态扫描应用。其中 4 个 LED 的段码输入共用 8255 的 PB 口输出经过 74LS244 提供,每一位 LED 位控信号由 PC 口提供。位控线的驱动电流较大,因此,PC 口输出加接 74LS06 反相器,以提高驱动能力。从左到右分别将各 LED 编号为 LED3、LED2、LED1 和 LED0。

静态显示的接口形式是每一个显示器的段控分别用单独的、具有锁存功能的 I/O 接口控制。单片机中的程序只须把要显示数字或符号的段码发送到接口电路,直到要显示新的数据时,再发送新的段码。此时,各 LED 是各自独立点亮。静态显示使单片机中 CPU 的开销小,但 I/O 接口电路较多。

以常用的串并转换芯片 74LS164 为例,介绍一种常用静态显示电路,如图 7.8 所示。74LS164 为 TTL 单向 8 位移位寄存器,可实现串行输入,并行输出。具体可参考相关技术手册。

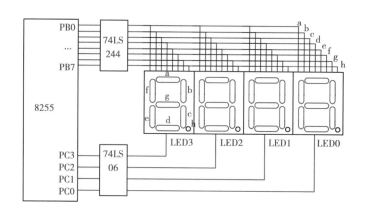

图 7.7　LED 动态显示方式

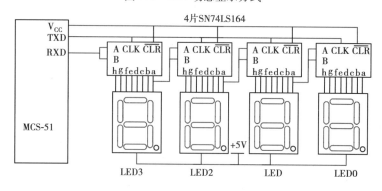

图 7.8　LED 动态显示方式

51 单片机串行口方式设为移位寄存器方式,外接 4 片 SN74LS164 作为 4 位共阴 LED 显示器的静态显示接口。4 片 7LS164 首尾相串,时钟端接在一起,把 8051 的 RXD 作为数据输出线,接第一片 74LS164 的 A、B(第 1、2 脚)串行数据输入端。TXD 作为移位时钟脉冲,接 4 片 74LS164 的 CLK(第 8 脚)时钟输入端,每一个时钟信号的上升沿加到 CLK 端时,移位寄存器移一位,8 个时钟脉冲过后,8 位二进制数全部移入 74LS164 中。对于 CLR(第 9 脚)74LS164 的复位端,当 CLR = 0 时,移位寄存器各位复 0,只有当 CLR = 1 时,时钟脉冲才起作用。74LS164 的(第 3—6 和第 10—13 引脚)并行输出端分别接 LED 显示器的各段对应的引脚。当输入 8 个脉冲时,从单片机 RXD 端输出的数据就进入到第一片 74LS164 中。当第二个 8 个脉冲到来后,这个数据就进入第二片 74LS164,而新的数据则进入了第一片 74LS164。如此,当第 4 个 8 个脉冲完成后,首次送出的数据被送到了最右边的 74LS164 中,此时 4 片 74LS164 都有显示的段码。

7.2.2　LCD 显示

(1)1602 字符型 LCD 简介

1602 字符型液晶显示器专门用于显示字母、数字、符号等的点阵式 LCD,分为带背光和不带背光,基控制器大部分为 HD44780。显示容量为 16 × 2 个字符;芯片工作电压为 4.5 ~ 5.5 V;工作电流为 2.0 mA(5.0 V);模块最佳工作电压为 5.0 V;字符尺寸为 2.95 mm × 4.35 mm(W × H)。一般 1602 字符型液晶显示器实物如图 7.9 所示。

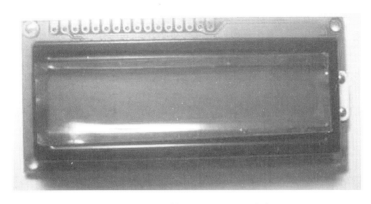

图7.9 1602字符型液晶显示器实物图

（2）1602LCD 引脚功能

1602LCD 采用标准的 14 脚（无背光）或 16 脚（带背光）接口，各引脚接口说明见表7.3。

表7.3 引脚接口说明表

管 脚	符 号	状 态	功 能
1	V_{SS}		电源地
2	V_{DD}		接 5 V 正电源
3	VL		液晶显示偏压。VL 为液晶显示器对比度调整端，接正电源时对比度最弱，接地时对比度最高，对比度过高时会产生"鬼影"，使用时可以通过一个 10 kΩ 的电位器调整对比度。
4	RS	输入	数据/命令选择，RS = 1 为数据，RS = 0 为命令。高电平时选择数据寄存器，低电平时选择指令寄存器。
5	R/W	输入	读/写控制线：R/W = 1 为读，R/W = 0 为写。当 RS 和 R/W 共同为低电平时，可以写入指令或者显示地址；当 RS 为低电平 R/W 为高电平时，可以读忙信号；当 RS 为高电平 R/W 为低电平时，可以写入数据。
6	E	输入	使能信号。当 E 端由高电平跳变成低电平时，液晶模块执行命令。
7	D0	三态	双向数据线
8	D1	三态	双向数据线
9	D2	三态	双向数据线
10	D3	三态	双向数据线
11	D4	三态	双向数据线
12	D5	三态	双向数据线
13	D6	三态	双向数据线
14	D7	三态	双向数据线
15	BLA	输入	背光源正极
16	BLK	输入	背光源负极

（3）1602LCD 的指令说明及时序

1602 液晶模块内部的控制器共有 11 条控制指令,见表 7.4。

表 7.4　控制命令表

序号	指　令	RS	R/W	D7	D6	D5	D4	D3	D2	D1	D0
1	清显示	0	0	0	0	0	0	0	0	0	1
2	光标返回	0	0	0	0	0	0	0	0	1	*
3	置输入模式	0	0	0	0	0	0	0	1	I/D	S
4	显示开/关控制	0	0	0	0	0	0	1	D	C	B
5	光标或字符移位	0	0	0	0	0	1	S/C	R/L	*	*
6	置功能	0	0	0	0	1	DL	N	F	*	*
7	置字符发生存储器地址	0	0	0	1	字符发生存储器地址					
8	置数据存储器地址	0	0	1	显示数据存储器地址						
9	读忙标志或地址	0	1	BF	计数器地址						
10	写数到 CGRAM 或 DDRAM	1	0	要写的数据内容							
11	从 CGRAM 或 DDRAM 读数	1	1	读出的数据内容							

1602 液晶模块的读写操作、屏幕和光标的操作都通过指令编程来实现。（1 为高电平、0 为低电平）

指令 1:清显示,指令码 01H,光标复位到地址 00H 位置。

指令 2:光标复位,光标返回到地址 00H。

指令 3:光标和显示模式设置 I/D:光标移动方向为高电平右移,低电平左移。S:屏幕上所有文字是否左移或者右移。高电平表示有效,低电平则无效。

指令 4:显示开关控制。D:控制整体显示的开与关,高电平表示开显示,低电平表示关显示。C:控制光标的开与关,高电平表示有光标,低电平表示无光标。B:控制光标是否闪烁,高电平闪烁,低电平不闪烁。

指令 5:光标或显示移位 S/C:高电平时,移动显示的文字;低电平时,移动光标。

指令 6:功能设置命令 DL:高电平时,为 4 位总线;低电平时,为 8 位总线。N:低电平时,为单行显示;高电平时,双行显示。F:低电平时,显示 5×7 的点阵字符;高电平时,显示 5×10 的点阵字符。

指令 7:字符发生器 RAM 地址设置。

指令 8:DDRAM 地址设置。

指令 9:读忙信号和光标地址。BF:忙标志位,高电平表示忙,此时模块不能接收命令或者数据,低电平则表示不忙。

指令 10:写数据。

指令 11:读数据。

与 HD44780 相兼容的芯片时序表见表 7.5。

表 7.5　基本操作时序表

读状态	输入	RS = L,R/W = H,E = H	输出	D0—D7 = 状态字
写指令	输入	RS = L,R/W = L,D0—D7 = 指令码,E = 高脉冲	输出	无
读数据	输入	RS = H,R/W = H,E = H	输出	D0—D7 = 数据
写数据	输入	RS = H,R/W = L,D0—D7 = 数据,E = 高脉冲	输出	无

读、写操作时序如图 7.10 和 7.11 所示。

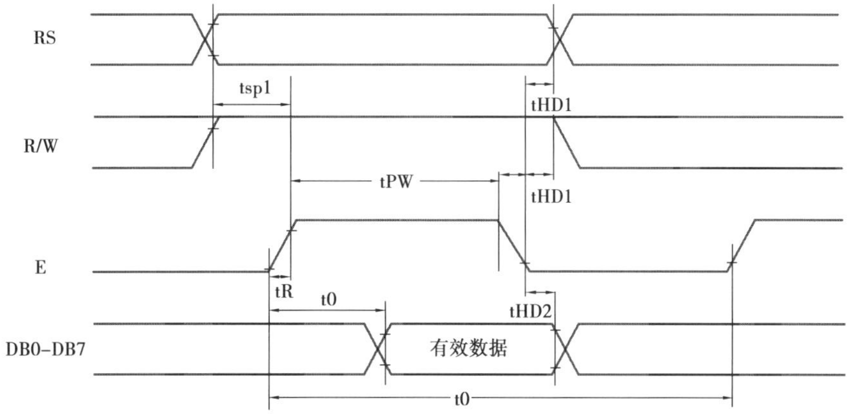

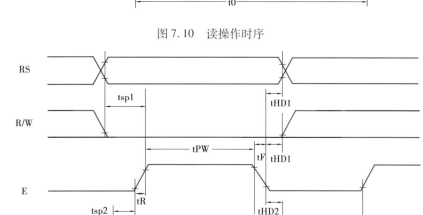

图 7.10　读操作时序

图 7.11　写操作时序

(4)1602LCD 的 RAM 地址映射及标准字库表

液晶显示模块是一个慢显示器件,在执行每条指令前一定要确认模块的忙标志为低电平(表示不忙),否则此指令失效。要显示字符时要先输入显示字符地址,后输入数据,1602 的内部显示地址如图 7.12 所示。

写入显示地址时,要求最高位 D7 恒定为高电平 1。例如第二行第二个字符的地址是41H,实际写入的地址数据就是 01000001B(41H) + 10000000B(80H) = 11000000B(C0H)。

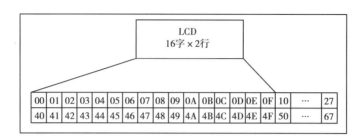

图 7.12　1602LCD 内部显示地址

1602 液晶模块内部的字符发生存储器(CGROM)已经存储了 160 个不同的点阵字符图形,见表 7.6。这些字符有阿拉伯数字、英文字母的大小写、常用的符号和日文假名等,每一个字符都有一个固定的代码,比如数字"8"的代码是 00111000B(38H)。显示时,模块把地址 38H 中的点阵字符图形显示出来,LCD 上就可见数字"8"。

表 7.6　字符代码与图形对应图

低位＼高位	0000	0010	0011	0100	0101	0110	0111	1010	1011	1100	1101	1110	1111
xxxx0000	CGRAM (1)		0	@	P	\	p		一	タ	三	α	p
xxxx0001	(2)	!	1	A	Q	a	q	口	ア	チ	ム	ä	q
xxxx0010	(3)	"	2	B	R	b	r	┌	イ	川	メ	β	θ
xxxx0011	(4)	#	3	C	S	c	s	┘	ウ	デ	モ	ε	∞
xxxx0100	(5)	$	4	D	T	d	t	丶	エ	ト	セ	μ	Ω
xxxx0101	(6)	%	5	E	U	e	u	口	オ	ナ	ユ	B	0
xxxx0110	(7)	&	6	F	V	f	v	テ	カ	ニ	ヨ	P	Σ
xxxx0111	(8)	>	7	G	W	g	w	ア	キ	ヌ	ラ	g	π
xxxx1000	(1)	(	8	H	X	h	x	ィ	ク	ネ	リ	f	X
xxxx1001	(2)	)	9	I	Y	i	y	ゥ	ケ	ノ	ル	−1	y
xxxx1010	(3)	*	:	J	Z	j	z	エ	コ	ハ	レ	j	千
xxxx1011	(4)	+	;	K	[	k	{	オ	サ	ヒ	ロ	x	万
xxxx1100	(5)	フ	<	L	¥	l			ャ	シ	フ	ワ	Φ	円
xxxx1101	(6)	−	=	M	]	m	}	ュ	ス	ヘ	ン	ギ	+
xxxx1110	(7)	.	>	N	^	n	→	ョ	セ	ホ	ハ	n̄	
xxxx1111	(8)	/	?	O	_	o	←	ッ	ソ	マ	ロ	Ö	

(5)1602LCD 的一般初始化(复位)过程

液晶模块的初始化要先设置其显示模式。在液晶模块显示字符时,光标是自动右移的。每次输入指令前都要判断液晶模块是否处于忙的状态。以下是初始化基本编程步骤写指令 38H：显示模式设置→写指令 08H：显示关闭→写指令 01H：显示清屏→写指令 06H：显示光标移动设置→写指令 0CH：显示开及光标设置。要注意写指令 38H 可以不检测忙信号，但后面每次写指令、读/写数据操作均需检测忙信号。

7.3 D/A 及 A/D 转换器的接口

在单片机测控应用系统中，往往有一些连续变化的模拟量，如温度、压力、流量、速度等物理量。这些模拟量必须转换成数字量后才能输入计算机中进行处理；计算机处理的结果，也常常需要转换为模拟信号，驱动相应的执行机构，以实现对系统的控制。这种实规模拟量变换成数字量的设备称为模/数转换器（A/D），数字量转换成模拟量的设备称为数/模转换器（D/A）。本节从应用的角度出发，简要介绍 A/D、D/A 转换原理及几种典型的 A/D、D/A 集成电路芯片，以及它们与 MCS-51 的接口和相应的软件。

7.3.1 D/A 转换原理及性能指标

1）D/A 转换原理

D/A 转换的方法较多，例如电阻 D/A 转换法、T 型电阻 D/A 转换法、变形权电阻解码法等。在集成电路中，通常采用电流相加型的 R-2R T 型电阻解码网络，下文仅介绍 D/A 转换原理。

图 7.13 表示一个采用 R-2R T 型解码网络的 4 位 D/A 转换器的转换原理。它由 4 位切换开关、4 路 R-2R 电阻网络、放大器 OA 和标准电源 V_{REF} 组成。电子开关 $S_3 \sim S_0$ 受 4 位 DAC 寄存器中 $b_3 \sim b_0$ 控制，当 $b_i = 1$，S_i 与运放 OA 的求和点 A 相连；$b_i = 0$，则 S_i 接地。无论 S_i 的投向如何，只要基准电压 V_{REF} 不变，电流 I_i 均不变（因为 A 点虚地）。为分析方便，设 b_i 均为"1"，根据克希霍夫定律，则如下关系成立

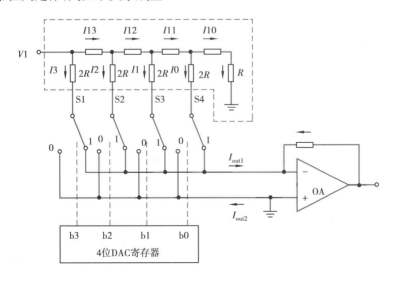

图 7.13 T 型 D/A 转换原理图

$$I_3 = \frac{V_{\text{REF}}}{2R} = 2^3 \frac{V_{\text{REF}}}{2^4 R}$$

$$I_2 = \frac{I_3}{2} = 2^2 \frac{V_{\text{REF}}}{2^4 R}$$

$$I_1 = \frac{I_2}{2} = 2^1 \frac{V_{\text{REF}}}{2^4 R}$$

$$I_0 = \frac{I_1}{2} = 2^0 \frac{V_{\text{REF}}}{2^4 R}$$

$S_3 \sim S_0$ 的状态受 $b_3 \sim b_0$ 控制,并不一定是全"0",若它们中有些位为"0",则 S_i 中相应开关会因接地而未流入运放 A 端,则可得通式为

$$I_{\text{out1}} = b_3 I_3 + b_2 I_2 + b_1 I_1 + b_0 I_0$$

$$= (b_3 2^3 + b_2 2^2 + b_1 2^1 + b_0 2^0) \frac{V_{\text{REF}}}{2^4 R}$$

$$I_{\text{out}} = -(b_3 2^3 + b_2 2^2 + b_1 2^1 + b_0 2^0) \frac{V_{\text{REF}}}{2^4 R} R_{\text{f}}$$

$$= -B \frac{V_{\text{REF}} R_{\text{f}}}{16R}$$

对 n 位 T 型电阻解码网络,上式可变为

$$I_{\text{out}} = -(b_{n-1} 2^{n-1} + b_{n-2} 2^{n-2} + \dots + b_1 2^1 + b_0 2^0) \frac{V_{\text{REF}} R_{\text{f}}}{2^n R} = -B \frac{V_{\text{REF}} R_{\text{f}}}{2^n R}$$

可见,输出电压与输入数字量成正比;幅度大小可通过选择基准电压 V_{REF} 和电阻 R_{f}/R 的比值来调整。

2）D/A 转换器的性能指标

D/A 转换器(Digital to Analog Converter)的性能指标是选用 DAC 芯片型号的依据,也是衡量芯片质量的重要参数,DAC 的性能指标主要有以下 5 个。

(1)分辨率

分辨率(Resolution)是指 D/A 转换器能分辨的最小输出模拟增量,取决于输入数字量的二进制位数。对于 n 位的 D/A 转换器,其分辨率为满量程值的 $1/2^n$。

(2)转换精度

转换精度(Conversion Accuracy)和分辨率是两个不同的概念。它是指满量程时,DAC 的实际模拟输出值和理论值的接近程度。T 型电阻网络的 DAC 的转换精度与参考电压 V_{REF}、电阻值和电子开关的误差有关。例如:满量程时,理论输出值为 10 V,实际输出值为 9.99 ~ 10.01 V,转换精度为 ±10 mv。

通常,DAC 的转换精度为分辨率的 $1/2$,即 $\frac{1}{2}$ LSB(LSB 为分辨率),指最低一位数字量变化引起幅度的变化量。

(3)偏移量误差

偏移量误差(Offset Error)是指输入数字量为零时,输出不为零的量。通常它可通过 DAC 的外接 V_{REF} 和电位器加以调整。

（4）线性度

线性度（Linearity）是指 DAC 的实际转换特性曲线和理想直线之间的最大偏差。通常线性度不应超出 $\pm\frac{1}{2}$LSB。

（5）转换速度

转换速度（Conversion Rate）是指 DAC 输入的数字量有满刻度变化时，其输出模拟信号达到满刻度值 $\pm\frac{1}{2}$LSB 所需要的时间，一般为几纳秒到几微秒。

7.3.2　8 位集成 DAC 芯片及其接口方法

集成 DAC 芯片种类繁多，有内部带数据锁存器和不带数据锁存器之分，也有 8 位、10 位和 12 位之分。其中，8 位集成 DAC 芯片 DAC0832 是最常用的。

1）8 位 DAC 芯片——DAC0832 介绍

（1）DAC0832 的主要特性

DAC0832 是美国国家半导体公司（National Semiconductor Corporation）研制的一种具有两个输入寄存器的 8 位 DAC，它能直接与 MCS-51 单片机接口。其主要特性如下

- 分辨率为 8 位；
- 电流稳定时间为 1 微秒；
- 可双缓冲、单缓冲或直接数字输入；
- 只需在满量程下调整其线性度；
- 逻辑电平与 TTL 兼容；
- 单一电源供电（ +5 ~ 15 V）；
- 低功耗，200 mW。

（2）DAC0832 的内部结构和引脚功能

DAC0832 内部由 3 部分电路组成，如图 7.14 所示。"8 位输入寄存器"用于存放 CPU 送来的数字量，使数字量得到缓冲和锁存（由 $\overline{LE_1}$ 控制）。"8 位 DAC 寄存器"用于存放待转换的数字量（由 $\overline{LE_2}$ 控制）。"8 位 D/A 转换电路"由 8 位 T 型电阻网络和电子开关组成，电子开关受"8 位 DAC 寄存器"输出控制，T 型电阻网络能输出和数字量成正比的模拟电流。因此，DAC0832 需外接运放才能得到模拟输出电压。

DAC0832 为 20 条引脚双列直播式封装，引脚排列如图 7.14 所示。各引脚功能为

- DI_0 ~ DI_7：数据输入线，TTL 电平，DI_7 为最高位；
- $\overline{CS}$：片选信号输入线，低电平有效；
- ILE：数据锁存允许输入线，高电平有效；
- $\overline{WR_1}$：输入寄存器写选通输入线，负脉冲有效（脉冲宽度应大于 0.5 μs）；
- $\overline{XFER}$：传送控制输入线，低电平有效；
- $\overline{WR_2}$：DAC 寄存器写选通输入线，负脉冲有效（脉冲宽度应大于 0.5 μs）；
- I_{out1}：输出电流 1，当输入数据为全"1"时，I_{out1} 为最大；
- I_{out2}：输出电流 2，当输入数据为全"1"时，I_{out2} 为最小；

I_{out1} 和 I_{out2} 两输出电流之和总为一常数；

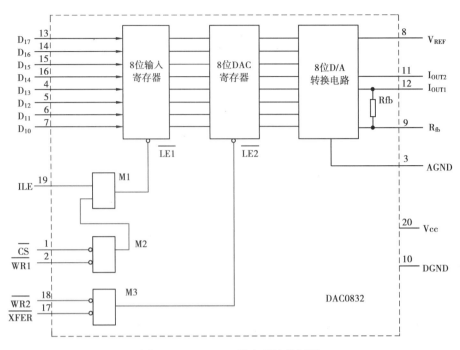

图 7.14　DAC0832 的内部结构框图

- R_{fb}:运算放大器反馈线,常接到运放的输出端;
- V_{CC}:芯片电源电压输入线,其值为 +5 ~ +15 V;
- V_{REF}:基准电压输入线,其值为 – 10 ~ +10 V;
- AGND:模拟地,为模拟信号和基准电源的参考地;
- DGND:数字地,为工作电源地和数字逻辑地。通常,AGND 与 DCND 接在一起。

（3）DAC0832 的工作方式

DAC0832 利用 $\overline{WR_1}$、$\overline{WR_2}$、ILE、$\overline{XFER}$ 控制信号可以构成 3 种不同的工作方式。

①直通方式——$\overline{CS}$ = $\overline{WR_1}$ = $\overline{WR_2}$ = $\overline{XFER}$ = "0",ILE = "1",此时数据不经锁存,可以从输入端经两个寄存器直接进入 D/A 转换器,本方式应用较少。

②单缓冲方式——两个寄存器之一始终处于直通状态,另一个寄存器处于受控状态。

③双缓冲方式——两个寄存器均处于受控状态。这种工作方式适合于多模拟信号同时输出的应用场合。

2）DAC0832 与 8031 的接口及应用

DAC0832 和 MCS-51 的接口可以有 3 种连接方式:直通方式、单缓冲方式和双缓冲方式,由于直通方式应用较少,本书重点介绍后两种方式。

（1）DAC0832 单缓冲方式接口及应用

此方式适用于一路或多路模拟量非同步输出的应用场合,它与 8031 的接口电路如图7.15所示。图中,将两级寄存器的控制信号并接,输出数据在控制信号作用下,直接进入 DAC 寄存器中。CPU 对 DAC0832 执行一次"写"操作,将数据送入 D/A 转换器,从而完成 D/A 转换。应用不同的程序可以产生各种不同的输出波形。

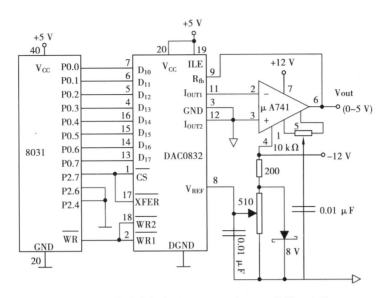

图 7.15 单缓冲方式下 DAC0832 和 8031 的接口电路

（2）DAC0832 双缓冲方式接口及应用

8031 和 DAC0832 在双缓冲方式下的连接关系如图 7.16 所示。图中，两个 DAC0832 的输入寄存器锁存信号分别由 P2.5 和 P2.3 控制，口地址分别为 8FFFH 和 0A7FFH；两个 DAC0832 的 DAC 寄存器均由 P2.7 控制，以实现两路模拟信号同步输出，口地址为 2FFFH。工作时，将要输出的 X、Y 数据分别送入 1# 和 2#DAC0832 的输入寄存器，然后通过传送命令，使两个输入寄存器的数据被同时送到两个 DAC 中转换为模拟输出信号。

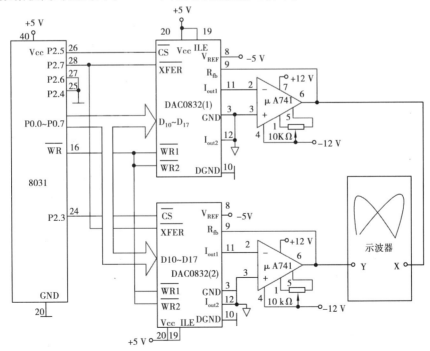

图 7.16 双缓冲方式下 8031 和 DAC0832 的接口电路

7.3.3 A/D 转换原理及性能指标

A/D 转换器是模拟信号源和计算机之间联系的桥梁,其任务是将连续变化的模拟信号转换为离散的数字信号,以便计算机进行运算、存贮、控制和显示等。由于应用场合和要求不同,因此需要采用不同工作原理的 A/D 转换器,主要有逐次逼近式、双斜积分式、电压—频率式、并行式等几种。常见的 ADC0809、AD574 等 A/D 转换器是逐次逼近式,MC14433、CH7106 等 A/D 转换器是双斜积分式。前者转换速度快;后者转换速度慢,但抗干扰能力强。这两类A/D 在单片机测控系统中都获得了广泛的应用,本节将对这两类 A/D 作详细介绍。

1)逐次逼近式 A/D 转换原理

逐次逼近式 A/D 转换器也称为连续比较式 A/D 转换器。这是一种采用对分搜索原理来实现 A/D 转换的器件,逻辑框图如图 7.17 所示。它主要由 N 位寄存器、N 位 D/A 转换器、比较器、控制逻辑以及输出锁存器共 5 部分组成。工作原理如图 7.17 所示。

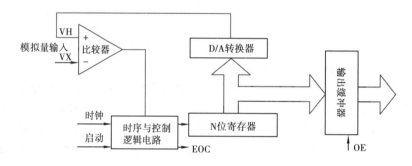

图 7.17 逐次逼近式 A/D 转换原理框图

启动信号作用后,时钟信号在控制逻辑作用下,首先使寄存器的最高位为 $D_{N-1} = 1$,其余位为"0"。N 位寄存器的数字量一方面作为输出用,另一方面经 D/A 转换器转换成模拟量 V_H 后送到比较器,在比较器中与被转换的模拟量 V_X 进行比较,控制逻辑根据比较器的输出进行判断。若 $V_X \geq V_H$,则保留这一位;若 $V_X < V_H$,则使 $D_{N-1} = 0$。D_{N-1} 位完成后比较,再对下一位 D_{N-2} 进行比较,使 $D_{N-2} = 1$,与上一位 D_{N-1} 位一起送入 D/A 转换器,转换后再进入比较器,与 V_X 比较……如此一位一位地继续下去,直到最后一位 D_0 比较完毕为止。此时,DONE 发出信号,表示转换结束。经过 N 次比较后,N 位寄存器的数字量即为 V_X 所对应的数字量。

2)双积分式 A/D 转换原

双积分式 A/D 转换器是基于间接测量原理,将被测电压值 V_X 转换成时间常数,由测量时间常数而得到未知电压值。工作原理如图 7.18(a)所示。它由电子开关、积分器、比较器、计数器、逻辑控制门等部件组成。

所谓双积分,就是进行一次 A/D 转换需要二次积分。转换时,控制门通过电子开关把被测电压 V_X 加到积分器的输入端,在固定时间 T_0 内对 V_X 积分(称为定时积分),积分输出终值与 V_X 成正比;控制门再将电子开关切换到极性与 V_X 相反的基准电压 V_R 上,进行反相积分;由于基准电压 V_R 恒定,因此积分输出将按 T_0 期间积分的值以恒定的斜率下降(称为定值积分),当比较器检测积分输出零时,停止积分器工作。反相积分的时间 T_1 与定值积分的初值(即定时积分的终值)成正比。因此,我们可以通过测量反相积分时间 T_1 计算出 V_X,即

$$V_X = \frac{T_1}{T_0} V_R$$

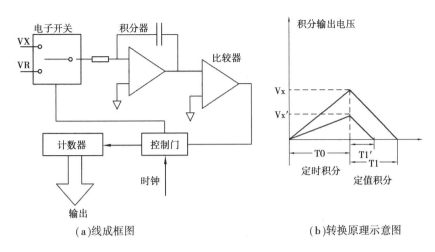

（a）线成框图　　　　　　　　　　（b）转换原理示意图

图 7.18　双积分式 A/D 转换原理

反相积分时间 T_1 由计数器对时钟脉冲计数得到。图 7.18（b）给出了两种不同输入电压（$V_X > V_X'$）的积分情况，显然 V_X' 值小，在 T_0 定时积分期间积分器输出终值也小，而下降斜率相同，故反相积分时间 T_1' 也小。

由于双积分法二次积分的时间较长，故 D/A 转换速度较慢，但精度可以做得比较高；对周期变化的干扰信号为零，抗干扰性能也较好。

3）A/D 转换器的性能指标

ADC（Analog to Digital Converter）是 A/D 转换器的简称。ADC 的性能指标是正确选用 ADC 芯片的基本依据，也是衡量 ADC 质量的关键。ADC 性能指标很多，有些指标定义和 DAC 相同，例如分辨率、线性度、偏移量误差、温度系数、功耗等。本书主要介绍两个性能指标。

（1）转换速度（Conversion Rate）

转移速度是指完成一次 A/D 转换所需时间的倒数。它是一个很重要的指标。ADC 型号不同，转换速度差别很大，通常，8 位逐次逼近式 A/D 的转换时间约为 100 μs；双积分式 A/D 的转换时间约数百毫秒。

（2）转换精度（Conversion Accuracy）

ADC 的转换精度分为绝对精度和相对精度两种。

绝对精度是指对应于一个给定的数字量 A/D 转换器的误差，其误差大小由实际模拟量输入值与理论值之差来量度。例如，理论上，5 V 模拟输入电压应产生 12 位数字量的 1/2，即 800 H，但实际上从 4.997 ~ 4.999 V 都能产生数字量 800 H，则绝对误差为：（4.997 + 4.999）/ 2 − 5 = − 2 mV。

由此可见，一个数字量对应的模拟输入量不是固定值，而是一个范围。一般情况下，产生已知数字量的模拟输入值，定义为输入范围的中间值。

绝对误差通常包括增益误差、零点误差和非线性误差等，它的测量应在标准条件下进行。

相对误差是指绝对误差和满刻度之比，一般用百分数表示，也常用最低有效值的位数 LSB 来表示：$1\text{LSB} = \dfrac{1}{2^N}$满刻度值。

例如，一个 8 位 0 ~ 5 V 的 ADC，如果相对误差为 ±1LSB，则其绝对误差为 ±19.5 mV，相对百分误差为 0.39%。一般地，位数越多，相对误差（或绝对误差）越小。

7.3.4 逐次逼近式 ADC 芯片及其接口方法

(1)8 位 ADC 芯片——ADC0809 介绍

ADC0809 是 CMOS 工艺、采用逐次逼近法的 8 位 ADC。典型转换时间为 100 μs;具有三态输出锁存器,可以直接和单片机的数据总线相连接;输入输出与 TTL 兼容;具有 8 路模拟开关,可直接连接 8 个模拟量,并用程序控制选择一个模拟量进行 A/D 转换。

ADC0809 采用双列直插式(DIP)封装,具有 28 条引脚,引脚排列和内部结构如图 7.19 所示。它由 8 路模拟开关、8 位 ADC、三态输出锁存器以及地址锁存译码器等组成。

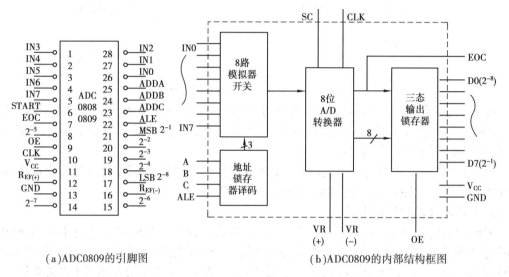

(a)ADC0809的引脚图　　　　(b)ADC0809的内部结构框图

图 7.19　ADC0809 的引脚图和内部结构框图

各引脚功能如下:

• IN0 ~ IN7:8 路模拟量输入端。

• D0(2^{-8}) ~ D7(2^{-1}):8 位数字量输出端。

• ADDA、ADDB、ADDC:模拟输入通道地址选择线。ADDC、ADDB、ADDA 的 000 ~ 111 的 8 位编码对应 IN0 ~ IN7 八个通道。

• ALE:地址锁存信号,由低到高的正跳变将通道地址锁存到地址锁存器。

• START:A/D 转换启动信号,正脉冲有效,此信号要求保持 200 ns 以上。其上升沿将内部逐次逼近寄存器清零,下降沿启动 A/D 转换。

• EOC:转换结束信号。转换开始后(START 有效后的 1 ~ 8 个脉冲后),EOC 信号变为低电平,经 128 个脉冲后 A/D 转换结束,EOC 变为高电平。该信号可作为 ADC 的状态信号供查询,也可用作中断请求信号。

• OE:允许输出信号。

• CLK:时钟输入信号。要求频率范围为 10 ~ 1 280 kHz,典型值为 640 kHz。

• $V_{REF(+)}$ 和 $V_{REF(-)}$:ADC 的参考电压。一般 $V_{REF(+)}$ 接 +5V、$V_{REF(-)}$ 接地。

• V_{CC}:电源电压, +5 V。

• GND:接地端。

ADC0809 的时序如图 7.20 所示。工作过程为:首先,单片机输出三位地址到 ADDA、

ADDB、ADDC 地址输入端,并使 ALE = 1 将地址锁存到地址寄存器中,此地址经译码选中 8 个模拟电压之一送到内部比较器。然后,CPU 输出多动信号到 START 端,使 ADC0809 自动启动转换。当 A/D 转换结束时,EOC 上跳为高电平,通知 CPU 其 A/D 转换结束,CPU 输出读取命令到 OE,使输出锁存器中的数据被读到 CPU 中。

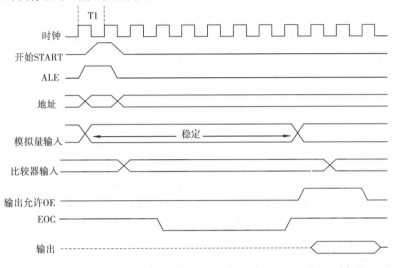

图 7.20　ADC0809 的时序图

（2）ADC0809 与 MCS-51 的接口

图 7.21 所示为 ADC0809 与 8031 的接口电路图。8 路模拟量的变化范围为 0 ~ +5 V,ADC0809 的 EOC 信号接 8031 的$\overline{INT1}$,8031 通过 P2.0 和读、写信号来控制 ADC 的模拟量输入通道地址锁存、启动和输出允许,IN0 ~ IN7 的地址为 FEF8H ~ FEFFH。ADC0809 的时钟取自 8031 的 ALE 经二分频（可用 D 触发器来分频）后的信号,如果 8031 的晶振频率为 6 MHz,则 ADC0809 的 CLK 频率为 500 kHz,ADC 的转换时间为 128 μs 左右。

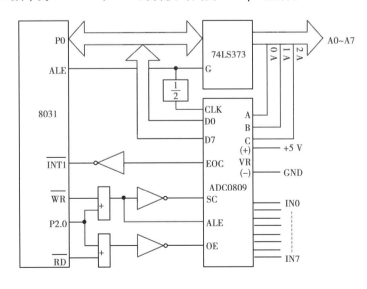

图 7.21　ADC0809 与 8031 的接口电路

小 结

本章从实际应用的角度讲解了单片机与外围元器件的接口方法,主要介绍了独立式键盘与矩阵式键盘的工作原理、LED 数码管的显示原理、A/D 和 D/A 的工作原理以及它们与单片机的连接方法,重点分析了单片机对按键的识别方法,单片机对 LED 数码管构成的静态和动态显示器以及它们对 A/D、D/A 转换器的控制方法。

习 题

1. 试用单片机 P1 口扩展 3×3 的矩阵键盘,并画出接线图。

2. 现需要用 LED 显示器实现 6 位数的显示,请分别用动态和静态显示方式设计电路。

3. D/A 转换器的作用是什么? 主要性能指标有哪些? 若某 DAC 为 14 位,满量程模拟输出电压为 10 V,其分辨率和转换精度各为多少?

4. DAC0832 和 8031 的接口有哪几种方式? 各有什么特点? 适合在什么场合下使用?

5. 一个由 8031 和 ADC0809 组成的数据采集系统中,ADC0809 的地址为 7FF8H ~ 7FFFH,试画出有关逻辑图。

第 **8** 章
单片机应用

如何在实际工作中开发单片机应用系统呢？本章将从实际应用的角度出发介绍单片机应用系统开发的基本方法,结合时钟秒表设计以及 A/D 与 D/A 综合应用系统设计实例,对单片机在系统设计中的综合应用进行讲解。

8.1 单片机应用系统开发基本方法

8.1.1 系统需求分析

开发新的单片机应用系统时,首先要根据用户的需要进行现场调查及分析,或者开展市场的用户群调查,明确所设计的单片机应用系统应具备的功能及要达到的技术性能,也就是确定单片机应用系统的设计目标。

系统功能需求分析主要是针对用户提出的系统完成任务及要求,对将要设计的系统进行功能模块的划分,如信号采集、信号处理、输出控制、状态显示和数据传送等功能模块。每一个大的功能模块还可以细分为若干个子功能。例如,信号采集可分为模拟信号采样和数字信号采样,两种信号采样方式在硬件支持与软件实现上有明显的差异。信号处理可分为预处理、功能性处理、抗干扰处理等子功能,而功能性处理还可以继续划分为各种信号处理等。输出控制可分为各种控制功能,如开关控制、D/A 转换控制、数码管显示控制等。数据传送也可分为有线和无线、并行和串行传送等。

在明确单片机应用系统的全部功能需求后,还需确定每种功能的实现方法,确定出由硬件完成哪些功能,由软件完成哪些功能,也就是系统的软、硬件功能划分。

系统功能设计需参考系统要达到的技术性能指标。设计时,需综合考虑系统控制精度、速度、功耗、体积、质量、价格、可靠性等技术指标要求并进行指标定量化。根据这些定量指标,对整个系统的硬件和软件功能进行设计。在满足系统性能指标的前提下,软件功能要尽可能地代替硬件功能。最后,形成一份需求文档,便于指导设计。

8.1.2　系统总体结构设计

单片机应用系统是以单片机为核心,根据功能要求扩展相应功能的芯片,配置相应通道接口和外部设备而构成的。因此,需参考系统中单片机的选型、存储器分配、通道划分、输入输出方式及系统中硬件、软件功能划分等方面。

(1)单片机选型

选择单片机应考虑以下两个主要因素:

①性价比高。满足系统的功能和技术指标要求的前提下,选择价格相对便宜类型的单片机。

②开发周期短。满足系统性能的前提下,优先考虑选用技术成熟、技术资源丰富的机型。缩短开发周期,降低开发成本,提高所开发系统的竞争力。

总之,单片机芯片的选择关系到单片机应用系统的整体方案、技术指标、功耗、可靠性、外设接口、通信方式、产品价格等。原则上应在最恰当的地方使用最恰当的技术。

(2)存储空间分配

单片机系统存储资源的合理分配对系统的设计有很大影响。因此,在系统设计时要合理地为系统中的各种部件分配有效的地址空间,以简化硬件电路,提高单片机的访问效率。

(3)I/O通道划分

根据系统中被控对象所要求的输入输出信号的类型及数目,确定整个应用系统的通道结构;还需根据具体的外设工作情况和应用系统的性能技术指标综合考虑采用的输入输出方式。常用的I/O数据传送方式主要为无条件传送方式、查询方式和中断方式,3种方式对系统的硬件和软件要求结构各不相同。

(4)软、硬件功能划分

具有相同功能的单片机应用系统,其软、硬件功能可以在较大范围内变化。一些硬件电路的功能和软件功能之间可以互换。因此,在总体设计时,需仔细划分应用系统中的硬件和软件的功能,组成最佳的系统配置。

8.1.3　系统硬件设计

(1)硬件系统设计原则

①在满足系统当前的功能需求前提下,系统的扩展与外围设备配置应留有适当余地进行功能扩充。

②硬件结构与软件方案要综合考虑,最终确定硬件结构。

③在硬件设计中尽可能选择成熟的标准化、模块化的电路,增加硬件系统的可靠性。

④在硬件设计时,要考虑相关器件的性能匹配。例如,不同芯片之间信号传送速度的匹配;低功耗系统中的所有芯片都应选择低功耗产品。如果系统中相关器件的性能差异大,就会降低系统综合性能,或导致系统工作异常。

⑤考虑单片机总线驱动能力。单片机外扩芯片较多时,需增加总线驱动器或者减少芯片功耗,以降低总线负载。否则会由于驱动能力不足,出现系统工作不可靠。

⑥抗干扰设计。设计内容包括芯片、器件选择、去耦合滤波、印制电路板布线、通道隔离等。如果设计中只注重功能实现,忽略抗干扰设计,将导致系统在实际运行中,信号无法正确

传送,而达不到功能要求。

（2）硬件设计

其主要工作是以单片机为核心,进行功能扩展和外围设备配置及其接口设计。在设计中,要充分利用单片机的片内资源,简化外扩电路,提高系统的稳定性和可靠性。设计要考虑以下五方面:

①存储器设计

存储器分为程序存储器和数据存储器两部分。存储器的设计原则是在满足系统存储容量要求的前提下,选择容量大的存储芯片,以减少所用芯片的数量。

②I/O 接口设计

输入输出通道是单片机应用系统功能中最重要的部分。接口外设多种多样,因此,单片机与外设之间的接口电路也各不相同。I/O 接口可归类为开关量输入输出通道、模拟量输入输出通道、并行接口、串行接口等。在系统设计时,可以优先选择集成所需接口的单片机,简化I/O 接口的设计。

③译码电路设计

当系统扩展多个接口芯片时,则需要译码电路。在设计时,应合理分配存储空间和接口地址,选择恰当的译码方式,简化译码电路。译码电路可以使用常规的门电路、译码器来实现,也可以利用只读存储器与可编程门阵列来实现,以便于修改与加密。

④总线驱动器设计

当单片机外扩器件众多时,就要设计总线驱动器。常用的有双向数据总线驱动器(如74LS245)和单向总线驱动器(如74LS244)。

⑤抗干扰电路设计

针对系统运行中可能出现的干扰,需设计相应的抗干扰电路。抗干扰设计的基本原则是抑制干扰源,切断干扰传播路径,提高敏感器件的抗干扰性能。在设计中应考虑:系统地线、电源线的布线;数字、模拟地的分开;每个数字元件在地与电源之间都要接 104 旁路电容;为防I/O口的串扰,可将I/O 口隔离,方法有二极管隔离、门电路隔离、光耦隔离、电磁隔离等;选择一个抗干扰能力强的器件;多层板的抗干扰好过单面板等。

硬件设计后,应绘制硬件电路原理图并编写相应的硬件设计说明书。

8.1.4　系统软件设计

（1）软件设计要求

①软件结构清晰,流程合理,代码规范,执行高效。

②功能程序模块化。便于调试、移植、修改和维护。

③合理规划程序存储区和数据存储区,充分利用系统资源。

④运行状态标志化管理。各功能程序通过状态标志去设置和控制程序的转移与运行。

⑤软件抗干扰处理功能。采用软件程序剔除采集信号中的噪声,提高系统抗干扰的能力。

⑥系统自诊断功能。在系统运行前先运行自诊断程序,检查系统各部分状态是否正常。

⑦"看门狗"处理,防止发生系统意外。

（2）软件设计

单片机的软件设计是与硬件紧密联系的,其软件设计具有比较强的针对性。在单片机应用系统总体设计时,软件设计和硬件设计必须结合起来统一考虑。系统的硬件设计定型后,针对该硬件平台的软件设计任务也就确定了。

首先,要设计出软件的总体方案。根据系统功能要求,将系统软件分成若干个相对独立的功能模块,厘清各模块之间的调用关系及与主模块的关系,设计出合理的软件总体架构。其次,根据功能模块输入和输出变量建立起正确的数学模型,结合硬件对系统资源做具体的分配和说明,再绘制功能实现程序流程框图。最后,根据确定好的流程图,编写程序实现代码。编制程序时,一般采用自顶向下的程序设计技术,先设计主控程序再设计各子功能模块程序。

单片机的软件一般由主控程序和各子功能程序两部分构成。主控程序是负责组织调度各子功能程序模块,完成系统自检、初始化、处理接口信号、实时显示和数据传送等功能,是控制系统按设计操作方式运行的程序。此外,主程序还负责监视系统的运行正常与否。子功能程序完成采集、数据处理、显示、打印、输出控制等各种功能相对独立的程序。单片机应用系统中的程序编写常常与输入、输出接口设计和存储器扩展交织在一起。因此,软件设计中需注意单片机片内和片外硬件资源的合理分配,单片机存储器中特殊地址单元的使用,特殊功能寄存器的正确应用,扩展芯片的端口地址识别等。软件设计直接关系系统功能和性能的实现。

8.1.5 系统调试

单片机应用系统调试是系统开发的重要环节。调试的目的是查出系统硬件设计与软件设计中存在的不完善地方及潜在的错误,便于修改设计,最终使系统正确地工作。调试包括硬件调试、软件调试及系统联调。

1)硬件调试

硬件调试是利用开发系统、基本测试仪器,通过执行开发系统有关命令或运行适当的测试程序(即与硬件有关的部分用户程序段),检查用户系统硬件中存在的故障。

硬件调试可分静态调试与动态调试两步进行。

(1)静态调试

静态调试是在用户系统未工作时的一种硬件检查。

静态调试第 1 步是目测印刷电路板和器件。印刷电路板主要检查表面质量,如印制线、焊盘、过孔是否完好、焊点是否达到质量要求等。对所选用的器件与设备,要认真核对型号,检查它们的连线引脚是否完好。

第 2 步为万用表测试。检查连接点的通断状态是否与设计规定相符。再检查各种电源线与地线之间是否有短路。短路问题必须在器件安装及加电前查出。如有集成芯片性能测试仪器,应尽可能地将要使用的芯片进行测试筛选,其他的器件、设备在购买或使用前也应当尽可能做必要的测试。

第 3 步加电检查。主要检查插座或器件的电源端和接地端的电压值是否符合设计要求。先在未插入芯片的情况下加电检查,然后断电,再一块芯片、一块芯片逐步插入并加电检查。测试中,注意观察芯片是否出现打火、过热、异味、冒烟等现象,如出现,应立即断电,仔细检查电源加载等情况,找出原因并加以解决。

第 4 步是联机检查。主要检查单片机仿真系统或程序下载电缆连接是否正确、通信是否正常、可靠。

（2）动态调试

动态调试是在联机仿真调试下发现和排除用户系统硬件中存在的器件内部故障、器件间连接逻辑错误等的一种硬件检查。动态调试的常用方法是采用依信号处理流向，按功能由分到合，分步分层调试。

以信号处理的流向为线索、按逻辑功能将系统硬件电路分为若干块。将信号流经的各器件按照距离单片机的逻辑距离进行由远及近的分步分层调试。分块独立调试各子电路，无故障后，再对各块电路及电路间可能存在的相互联系进行试验。此时测试相互信息联络是否正确，时序是否达到要求等。直到所有电路加入系统后各部分电路仍能正确工作为止。调试中，常用示波器、万用表等仪器检查被调试电路测试点的状态，是否是预期的工作状态，判断工作是否正常。

2）软件调试

软件调试是发现程序中存在的语法错误与逻辑错误，并加以排除纠正的过程。常用的调试方法有断点跟踪、中间状态输出、环境模拟等。

软件调试常进行单元模块调试与模块综合调试。

（1）单元模块调试

单元模块调试是对完成不同功能的软件模块分别进行调试。可以借助软件开发平台，或直接在设计的单片机应用系统中进行调试，保证各模块程序运行的正确性，调试中需模拟可能出现的异常情况，验证程序的容错性。

（2）模块综合调试

单元模块调试完后，应进行相互关联的模块之间接口调试，排除在程序模块连接中出现的逻辑错误。

3）系统联调

系统联调就是将设计的软件在相应的硬件中运行，进一步排除硬件故障错误或软硬件设计错误。主要验证 3 个方面的问题：系统运行中软件与硬件能否完成设计功能；系统运行中是否有未预料的潜在错误；系统的动态性能指标是否满足设计要求。

8.1.6　现场测试

完成系统联调的系统，就可以按照设计目标正常工作了。由于用户使用的环境较为复杂（如环境干扰较为严重、工作现场有腐蚀性气体等），环境对系统的影响无法预计，还需通过现场运行调试验证系统是否能正常工作。有时系统的调试是在模拟环境替代实际环境的条件下进行的，系统运行的正确性就更需要进行现场调试验证。只有经过现场调试的用户系统才能可靠地工作。

8.1.7　用户使用说明

系统交付时，应提供用户使用说明，其中包括系统的使用环境要求、对外部设备的要求、正确操作步骤说明、注意事项、故障处理方式及日常维护等。

8.2 时钟秒表设计

本时钟主要的功能有:时间和日期的显示;秒表功能;可分别进行日期与时间的设定。

8.2.1 系统需求分析

针对上述功能要求,时钟采用 8051 单片机作为主控,设置 8 位 LED 进行显示,同时需要 4×4 矩阵键盘,扩展了 8255 可编程并行接口芯片,用于 8 位 LED 显示和矩阵键盘的控制。为了获得实时时钟,扩展了串行接口的 DS1302 时钟芯片。

8.2.2 系统设计

1)时钟硬件设计

单片机 P0 和 P2 作为时钟秒表系统的数据与地址总线,用于 8255 的扩展,以 A15 作为 8255 的片选信号,以 A14A13 作为 8255 片内寄存器地址译码,得到 8255 的相应的一组端口地址:8255 的 PA 口地址 0x1FFF, 8255 的 PB 口地址 0x3FFF, 8255 的 PC 口地址 0x5FFF,8255 控制字地址 0x7FFF。8 位 LED 采用动态显示方式,设计 8255 的 PA 为 8 位 LED 的位控,PB 口作为 8 位 LED 的公共 8 段控制。4×4 矩阵键盘采用 PC 口作为接口,采用低 4 位输出、高 4 位输入来识别按键位置。单片机的 P1 口的 P1.5 作为 DS1302 的复位脚、P1.6 作为 DS1302 的时钟脚、P1.7 作为 DS1302 的串行数据输入输出脚。具体原理图如图 8.1 所示。

2)时钟软件设计

时钟秒表系统的程序包括主程序,初始化子程序 InitSystem,LED 显示子程序 Display,按键扫描子程序 KeyboardScan, 按键处理子程序 ReadKeyValue(void), 延时子程序 Delay 以及 DSl302 操作的相关子程序。主程序主要监视时钟秒表系统运行状态,调用不同模块实现不同功能。初始化子程序主要完成工作状态起动设置,按键扫描和按键处理主要完成键盘判断与识别,显示根据状态控制 LED 显示不同内容,DS1302 相关操作程序实现时间的设定和读取。时钟秒表主程序流程如图 8.2 所示。系统设计中采用定时器 0 中断作为定时闪烁显示。以数字时钟设置时间与日期为例,系统软件详细功能请参考源代码。

完整系统源代码如下,代码后有详细注解。

```
/* * * * * * * * * * * * * * * * * * * * * * * * * * * * * * * * *
* * * * * * * * * * * * * * * * * * * * */
/* 程序名称:数字时钟 */
/*    程序功能:可切换显示时间及日期,并可以对时间和日期进行设置 */
/* 另外,具有秒表功能 */
/* * * * * * * * * * * * * * * * * * * * * * * * * * * * * * * * *
* * * * * * * * * * * * * * * * * * * * */
#include  < reg51. h >
#include  < absacc. h >

#define uchar unsigned char          //数据类型声明
```

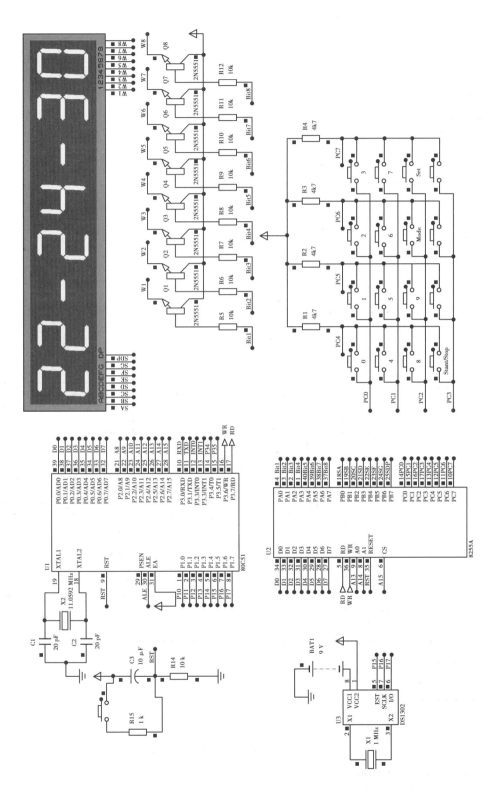

图 8.1　时钟秒表原理图

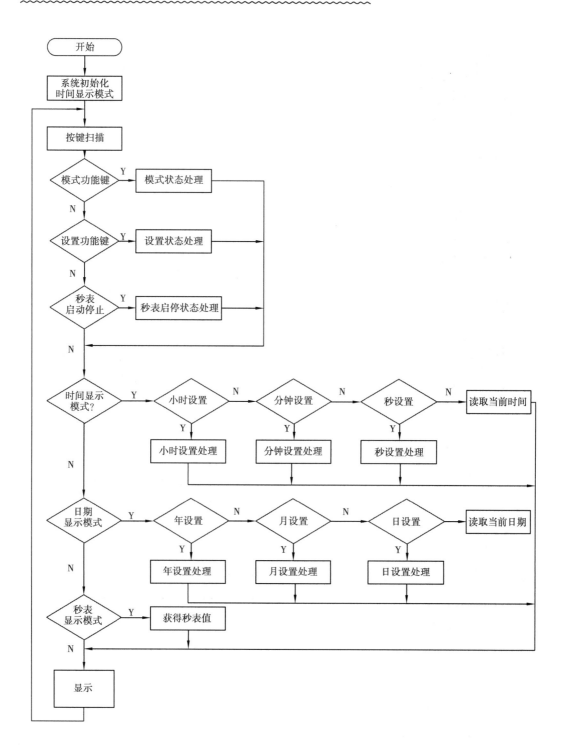

图8.2 时钟秒表主程序图

#define uint unsigned int

/ * ………全局常量定义……………… * /

```
#define PORTA   XBYTE[0x1FFF]      //8255A 口地址
#define PORTB   XBYTE[0x3FFF]      //8255B 口地址
#define PORTC   XBYTE[0x5FFF]      //8255C 口地址
#define CONTL   XBYTE[0x7FFF]      //8255 控制字地址


//显示模式定义
#define TIMESHOW 1                 //时间显示
#define DATESHOW 2                 //日期显示
#define SECONDSHOW 3               //秒表显示
//运行状态
#define IDLE 0   //空闲
#define RUN 1    //运行


#define TIMEMODE 0x11              //定时器 0 提供秒表时钟
#define T0_10msH 0xD8              //10ms 定时的加载值高字节
#define T0_10msL 0xF0              //10ms 定时的加载值低字节


//共阳 LED 字形表
code uchar wordtype[11] = {0xC0,0xF9,0xA4,0xB0,0x99,
                0x92,0x82,0xF8,0x80,0x90,0xBF};      //0~9- 的字型码
uchar showbuffer[8];              //8 位 8 段数码管的字形存储单元


// - - - - - - - - - -全局变量定义 - - - - - - - - - - - - - - -
bit bitflash;                     //设置时间时,当前设置位的闪烁标志位
bit bithighlow;                   //秒、分、时、日、月、年设置高低位标志
bit bitstartstop;                 //秒表启动停止标志


uchar s_min,s_sec,s_100ms;        //秒表的分、秒、毫秒存储单元


void InitSystem(void);            //初始化程序
void Display(void);               // LED 显示
uchar KeyboardScan(void);         //按键扫描程序
uchar ReadKeyValue(void);         //按键处理程序
void Delay(void); //延时子程序


//DSl302 操作的相关函数声明
sbit T_RST = P1^5;                //DS1302 复位脚
sbit T_CLK = P1^6;                //DS1302 时钟脚
sbit T_IO = P1^7;                 //DS1302 数据脚
```

```
    void WriteByte(uchar ucdata);              //写 DS1302 一字节
    uchar ReadByte(void);                      //读 DS1302 一字节
    void WriteRegister(uchar addr,uchar ucdata); //写 DSl302
    uchar ReadRegister(uchar addr);            //读 DSl302
    uchar ReadSecond();                        //读秒
    uchar ReadMinute();                        //读分钟
    uchar ReadHour();                          //读小时
    uchar ReadDay();                           //读日
    uchar ReadMonth();                         //读月
    uchar ReadYear();                          //读年

    void WriteSecond(uchar num);               //写秒
    void WriteMinute(uchar num);               //写分钟
    void WriteHour(uchar num);                 //写小时
    void WriteDay(uchar num);                  //写日
    void WriteMonth(uchar num);                //写月
    void WriteYear(uchar num);                 //写年
    void DisableWP(void);                      //允许写 DSl302
    void EnableWP(void);                       //禁止写 DSl302


    /*********************************************
    ************************/
    //程序名称:main   主程序
    //功能:根据键盘功能键,切换时间显示、设置及秒表功能
    //输入参数:无
    //输出参数:无
    /*********************************************
    ************************/
    //………主程序……………
    void main(void)
    {
        uchar keyvalue,mode;                    //按键值变量
        uchar step;
        uchar value;
        uchar runstatus;

    //系统工作模式初始化为时间显示
    mode = TIMESHOW;
    //运行状态为空闲
```

```
runstatus = IDLE;
//系统初始化
InitSystem();

EnableWP();
DisableWP();

while(1)
{
    keyvalue = ReadKeyValue();                    //读取按键值

    switch(keyvalue)
    {
        case 0x0a://模式切换
            if( runstatus == IDLE )
            {
                if( mode == TIMESHOW )
                    mode = DATESHOW;
                else if( mode == DATESHOW )
                    mode = SECONDSHOW;
                else
                    mode = TIMESHOW;
            }
            keyvalue = 0xFF;
            break;
        case 0x0b:                                //设置切换
            if( ( mode == TIMESHOW ) || ( mode == DATESHOW ) )
            {   //进入设置状态
                if( runstatus == IDLE )
                {
                    runstatus = RUN;
                    step = 1;
                    keyvalue = 0xFF;
                }

            }
            break;
        case 0x0c:                                //秒表启停
            if( mode == SECONDSHOW )
            {
```

```
            if( runstatus = = IDLE )
            {
                runstatus = RUN;
                s_min = 0;
                s_sec = 0;
                s_100ms = 0;
                bitstartstop = 1;
            }
            else
            {
                runstatus = IDLE;
                bitstartstop = 0;
            }

        }

        keyvalue = 0xFF;
        break;
    default:
        break;
}


switch( mode )
{
    case TIMESHOW:

        switch( step )
        {
          case 1:                       //小时设定

            value = ReadHour( );        //读取小时值

            if( keyvalue = = 0x0b )
            {
                showbuffer[ 0 ] =   wordtype[ value > > 4 & 0x0F ];
                showbuffer[ 1 ] =   wordtype[ value & 0x0F ];
```

```
        bithighlow = 0;
        step    =   2;   //转分设置

    }
    else
    {
        if( keyvalue  <= 9 )                //是数字键处理
        {
            if( bithighlow )
        //小时个位,如果十位是2,个位输入键值必须小于3
            {
                if( ( keyvalue  >  3 ) && ( ( value & 0xf0 )  == 0x20 ) )
                {
                    bithighlow = 1;
                }
                else
                {
                    bithighlow = 0;
                    value = ( value & 0xf0 ) | ( keyvalue );
                }
            }
            else                            //小时十位   十位输入键值必须小于3
            {
                if( keyvalue  <= 2 )
                {
                value = ( value & 0x0f ) | ( keyvalue  <<  4 );
                    bithighlow = 1;
                }
            }
        }
    }

    WriteHour( value );                     //写入小时值

    if( ( runstatus == RUN ) && bitflash )
    //设置状态小时显示闪烁
    {
        showbuffer[ 0 ] = 0xFF;
        showbuffer[ 1 ] = 0xFF;
```

```
        }
        else
        {
            showbuffer[ 0 ] =   wordtype[ value > > 4 & 0x0F ] ;
            showbuffer[ 1 ] =   wordtype[ value & 0x0F ] ;
        }

        }

        keyvalue = 0xFF ;                    //清键值
        break ;
case 2 :                                     //分钟设定
        value = ReadMinute( ) ;

        if( keyvalue = = 0x0b )
        {
            showbuffer[ 3 ] =   wordtype[ value > > 4 & 0x0F ] ;
            showbuffer[ 4 ] =   wordtype[ value & 0x0F ] ;

            bithighlow = 0 ;
            step    =   3 ;                  //转秒设置

        }
        else
        {
            if( keyvalue < =9 )
            {
              if( bithighlow )
              {
                bithighlow = 0 ;
                value = ( value & 0xf0 ) | ( keyvalue ) ;

              }
              else
              {
                if( keyvalue < =5 )
                {
                value = ( value & 0x0f ) | ( keyvalue < < 4 ) ;
                  bithighlow = 1 ;
```

```
            }
        }
    }

    WriteMinute( value ) ;

    if( ( runstatus = = RUN )&& bitflash )
    {
        showbuffer[ 3 ] = 0xFF ;
        showbuffer[ 4 ] = 0xFF ;

    }
    else
    {
        showbuffer[ 3 ] =   wordtype[ value > > 4 & 0x0F ] ;
        showbuffer[ 4 ] =   wordtype[ value & 0x0F ] ;
    }

    }

    keyvalue = 0xFF ;
    break ;
case 3 :                          //秒设定
    value = ReadSecond( ) ;

    if( keyvalue = = 0x0b )
    {
        showbuffer[ 6 ] =   wordtype[ value > > 4 & 0x0F ] ;
        showbuffer[ 7 ] =   wordtype[ value & 0x0F ] ;

        bithighlow = 0 ;
        step    =   4 ;            //转时间设置退出

    }
    else
    {
        if( keyvalue  < = 9 )
        {
            if( bithighlow )
```

```
                {
                    bithighlow = 0;
                    value = ( value & 0xf0 ) | ( keyvalue );
                }
                else
                {
                  if( keyvalue  < = 5 )
                  {
                    value = ( value & 0x0f ) | ( keyvalue  < < 4 );
                    bithighlow = 1;
                  }
                }
            }

        WriteSecond( value );

        if( ( runstatus = = RUN ) && bitflash )
        {
            showbuffer[ 6 ] = 0xFF;
            showbuffer[ 7 ] = 0xFF;

        }
        else
        {
            showbuffer[ 6 ] =  wordtype[ value > > 4 & 0x0F ];
            showbuffer[ 7 ] =  wordtype[ value & 0x0F ];
        }
    }
    keyvalue = 0xFF;
    break;
case 4:   //写入设定值
    runstatus = IDLE;
    step = 0;
    break;
default:
    value = ReadHour( );
    showbuffer[ 0 ] =  wordtype[ value > > 4 & 0x0F ];
    showbuffer[ 1 ] =  wordtype[ value & 0x0F ];
```

```
                showbuffer[2] =   wordtype[10];
                value = ReadMinute();
                showbuffer[3] =   wordtype[ value > > 4 & 0x0F ];
                showbuffer[4] =   wordtype[ value & 0x0F ];

                showbuffer[5] =   wordtype[10];
                value = ReadSecond();
                showbuffer[6] =   wordtype[ value > > 4 & 0x0F ];
                showbuffer[7] =   wordtype[ value & 0x0F ];
            break;
        }
        break;
    case DATESHOW:
        switch(step)
            {
                case 1:                       //年设定

                    value = ReadYear();

                    if( keyvalue = =0x0b)
                    {
                        showbuffer[0] =   wordtype[ value > > 4 & 0x0F ];
                        showbuffer[1] =   wordtype[ value & 0x0F ];

                        bithighlow =0;
                        step    =   2;     //转月设置

                    }
                    else
                    {

                        if(keyvalue  < =9)
                        {
                            if( bithighlow)
                            {

                            bithighlow =0;
                                value = ( value & 0xf0)|( keyvalue );
```

```
            }
        else
            {
            value = ( value & 0x0f) | ( keyvalue < < 4 ) ;
                bithighlow = 1 ;


            }
        }

    WriteYear( value ) ;

    if( ( ( runstatus = = RUN ) && bitflash )
        {
            showbuffer[ 0 ] = 0xFF ;
            showbuffer[ 1 ] = 0xFF ;


        }
        else
        {
            showbuffer[ 0 ] =   wordtype[ value > > 4 & 0x0F ] ;
            showbuffer[ 1 ] =   wordtype[ value & 0x0F ] ;
        }

    }

    keyvalue = 0xFF ;
    break ;
case 2 :                          //月份设定
    value = ReadMonth( ) ;

    if( keyvalue = = 0x0b)
    {
        showbuffer[ 3 ] =   wordtype[ value > > 4 & 0x0F ] ;
        showbuffer[ 4 ] =   wordtype[ value & 0x0F ] ;

        bithighlow = 0 ;
        step    =   3 ;    //转日期设置
```

```
        }
    else
        {


            if( keyvalue <  = 9 )
                {
                    if( bithighlow )
                        {
                          if( ( keyvalue > 2 )&& ( value & 0xf0 ) = = 0x10 )
                              {
                                    bithighlow = 1;
                              }
                          else
                              {
                                    bithighlow = 0;
                                    value = ( value & 0xf0) |( keyvalue );
                              }


                        }
                    else
                        {
                          if( keyvalue <  = 1 )
                              {
                          value = ( value & 0x0f) |( keyvalue <  < 4 );

                                    bithighlow = 1;
                              }
                        }

                }

            WriteMonth( value );

            if( ( runstatus = = RUN )&& bitflash )
                {
                    showbuffer[ 3 ] = 0xFF;
                    showbuffer[ 4 ] = 0xFF;
                }
```

```
        else
        {
            showbuffer[3] =    wordtype[ value > > 4 & 0x0F ];
            showbuffer[4] =    wordtype[ value & 0x0F ];
        }

    }

    keyvalue = 0xFF;
    break;
case 3:                    //日期设定
    value = ReadDay( );

    if( keyvalue = = 0x0b)
    {
        showbuffer[6] =    wordtype[ value > > 4 & 0x0F ];
        showbuffer[7] =    wordtype[ value & 0x0F ];

        bithighlow = 0;
        step    =   4;        //转退出日期设置

    }
    else
    {
        if( keyvalue < = 9)
        {
            if( bithighlow)
            {
                if( ( keyvalue > 2)&& ( value & 0xf0) = = 0x30)
                {
                    bithighlow = 1;
                }
                else
                {

                    bithighlow = 0;
                    value = ( value & 0xf0) | ( keyvalue );
                }
```

```
            }
        else
        {
            if( keyvalue  < =3 )
            {
            value = ( value & 0x0f) |( keyvalue  < < 4 );

                bithighlow = 1;
            }
        }

        }

        WriteDay( value );

        if( ( runstatus = = RUN )&& bitflash )
        {
            showbuffer[ 6 ] =0xFF;
            showbuffer[ 7 ] =0xFF;

        }
        else
        {
            showbuffer[ 6 ] = wordtype[ value > > 4 & 0x0F ];
            showbuffer[ 7 ] = wordtype[ value & 0x0F ];
        }

    }

    keyvalue =0xFF;
    break;
case 4:  //写入设定值
    runstatus =IDLE;
    step =0;
    break;
default:
    value = ReadYear( );
    showbuffer[ 0 ] = wordtype[ value > > 4 & 0x0F ];
    showbuffer[ 1 ] = wordtype[ value & 0x0F ];
```

```
                    showbuffer[ 2 ] = wordtype[ 10 ] ;
                    value = ReadMonth( ) ;
                    showbuffer[ 3 ] = wordtype[ value > > 4 & 0x0F ] ;
                    showbuffer[ 4 ] = wordtype[ value & 0x0F ] ;

                    showbuffer[ 5 ] = wordtype[ 10 ] ;
                    value = ReadDay( ) ;
                    showbuffer[ 6 ] = wordtype[ value > > 4 & 0x0F ] ;
                    showbuffer[ 7 ] = wordtype[ value & 0x0F ] ;
                    break ;
                }

            break ;
        case SECONDSHOW :

                showbuffer[ 0 ] =    wordtype[ ( s_min & 0xf0 ) > > 4 ] ;
                showbuffer[ 1 ] =    wordtype[ s_min & 0x0f ] ;

                showbuffer[ 2 ] =    wordtype[ 10 ] ;

                showbuffer[ 3 ] =    wordtype[ ( s_sec & 0xf0 ) > > 4 ] ;
                showbuffer[ 4 ] =    wordtype[ s_sec & 0x0f ] ;

                showbuffer[ 5 ] =    wordtype[ 10 ] ;

                showbuffer[ 6 ] =    wordtype[ ( s_100ms & 0xf0 ) > > 4 ] ;
                showbuffer[ 7 ] =    wordtype[ s_100ms & 0x0f ] ;

            break ;
        }

    Display( ) ;


    }
}


/ * * * * * * * * * * * * * * * * * * * * * * * * * * * * * * * * * * * * * * /
```

```
//程序名称:InitSystem
//功能:配置寄存器及初始化参数
//输入参数:无
//输出参数:无
/* * * * * * * * * * * * * * * * * * * * * * * * * * * * * * */
void InitSystem(void)
{


    TMOD = TIMEMODE;                    //定时器 0 初始化
    TH0 = T0_10msH;
    TL0 = T0_10msL;
    TR0 = RUN;

    ET0 = 1;   //此处只允许 Timer0 中断
    EA = 1;

    //设置 8255A 工作方式 PA PB PC 方式 0
    CONTL = 0x80;
    PORTC = 0xff;
}



/* * * * * * * * * * * * * * * * * * * * * * * * * * * * * * * */
//程序名称:Display    显示子程序
//功能:动态显示方式 PB 口输出 8 位字型码,PA 口扫描 8 位位控
//输入参数:无
//输出参数:无
/* * * * * * * * * * * * * * * * * * * * * * * * * * * * * * * */
void Display(void)
{
    int i;
    uchar bitcode, mask = 0x01;
    for(i = 0; i < 8;i ++ )                 //扫描显示 8 位数码管
    {
      bitcode = mask;                       //位屏蔽码
      mask = mask < <1;
      PORTB = showbuffer[i];                //输出字形
      PORTA = bitcode;
```

```
            Delay( );
            PORTB = 0xFF;                        //输出屏蔽位
            PORTA = bitcode;
        }
    }
```

```
    /* * * * * * * * * * * * * * * * * * * * * * * * * * * * * * * * * *
* * * * * * * * * * * * * * * * * * * * * * * * */
    //
    // 说明:
    /* * * * * * * * * * * * * * * * * * * * * * * * * * * * * * * * * * *
* * * * * * * * * * * * * * * * * * * * * * * */
    /* * * * * * * * * * * * * * * * * * * * * * * * * * * * * * * * * * * * */
    //程序名称:ReadKeyValue 键盘值读取程序
    //功能:将键盘扫描码转换成对应的键盘值返回
    //输入参数:无
    //输出参数:返回键盘值
    /* * * * * * * * * * * * * * * * * * * * * * * * * * * * * * * * * *
*/
    uchar ReadKeyValue( void )
    {
        uchar keyvalue;
        switch( KeyboardScan( ) )    //读取按键扫描码
        {   //数字键值
            case 0xee:
            keyvalue = 0x00;
            break;
            case 0xde:
            keyvalue = 0x01;
            break;
            case 0xbe:
            keyvalue = 0x02;
            break;
            case 0x7e:
            keyvalue = 0x03;
            break;
            case 0xed:
```

150

```
keyvalue = 0x04；
break；
case 0xdd：
keyvalue = 0x05；
break；
case 0xbd：
keyvalue = 0x06；
break；
case 0x7d：
keyvalue = 0x07；
break；
case 0xeb：
keyvalue = 0x08；
break；
case 0xdb：
keyvalue = 0x09；
break；
//功能键值
case 0xbb：
keyvalue = 0x0a；
break；
case 0x7b：
keyvalue = 0x0b；
break；
case 0xe7：
keyvalue = 0x0c；
break；
case 0xd7：
keyvalue = 0x0d；
break；
case 0xb7：
keyvalue = 0x0e；
break；
case 0x77：
keyvalue = 0x0f；
break；
default：
keyvalue = 0xff；
break；
```

```
        }
        return keyvalue;                        //返回按键对应的十六进制数据
    }


/* * * * * * * * * * * * * * * * * * * * * * * * * * * * * * * * * * * */
//程序名称:KeyboardScan 键盘扫描程序
//功能:扫描键盘,获得扫描码
//输入参数:无
//输出参数:返回扫描码
/* * * * * * * * * * * * * * * * * * * * * * * * * * * * * * * * * * * */
uchar KeyboardScan(void)
{
    //必须初始化,否则当有按键按下时,程序将默认为初值
    uchar scan,keycode = 0x00;
    uchar maskcode,mask = 0x01;
    uchar i;

    for(i = 0;i < 4;i + +)                      //扫描 4 次键盘
    {
        maskcode = ~(mask);
        mask = mask < <1;
        PORTC = maskcode;                       //低 4 位送出扫描码
        scan = PORTC;                           //高 4 位读回扫描结果
        if((scan&0xf0)! = 0xf0)                 // 如果有按键按下,则保存结果
        {
        keycode = scan;
        Delay();
        }

        do{
            scan = PORTC;
        }while((scan & 0xf0)! = 0xf0);          //等待按键释放
    }

    return keycode;                             //返回按键扫描码
}
```

```
/ * * * * * * * * * * * * * * * * * * * * * * * * * * * * * * * * * * * * /
//程序名称:Delay 延时子程序
//功能:无
//输入参数:无
//输出参数:无
/ * * * * * * * * * * * * * * * * * * * * * * * * * * * * * * * * * * * * * /
void Delay( void )
{
    int i,j;
    for( i = 0;i < 20;i + + )
      for( j = 0;j < 10;j + + );
}


/ * * * * * * * * * * * * * * * * * * * * * * * * * * * * * * * * * * * * * /
/ *          DS1302 总线协议程序          * /
/ * * * * * * * * * * * * * * * * * * * * * * * * * * * * * * * * * * * * * /
/ * * * * * * * * * * * * * * * * * * * * * * * * * * * * * * * * * * * * * /
//程序名称:WriteByte
//功能:写一字节到 DS1302
//输入参数:ucdata 写入数据
//输出参数:无
/ * * * * * * * * * * * * * * * * * * * * * * * * * * * * * * * * * * * * * /
void WriteByte( uchar ucdata )
{
    uchar i;
    EA = 0;
    for( i = 0;i < 8;i + + )       //保证该过程不被中断
    {
        if( ucdata & 0x01 )
            T_IO = 1;
        else
            T_IO    = 0;

        T_CLK = 1;
        T_CLK = 0;
        ucdata > > = 1;
    }
    EA = 1;
}
```

```
/* * * * * * * * * * * * * * * * * * * * * * * * * * * * * * */
//程序名称:ReadByte
//功能:从 DS1302 中读一字节
//输入参数:无
//输出参数:返回读取一字节
/* * * * * * * * * * * * * * * * * * * * * * * * * * * * * * */
uchar ReadByte(void)
{
    uchar i, ucdata;
    T_IO = 1;
    EA = 0;
    for(i = 0;i < 8;i + + )              //保证该过程不被中断
    {
        ucdata > > = 1;
        if(T_IO)
            ucdata | = 0x80 ;
        T_CLK = 1;
        T_CLK = 0;
    }
    EA = 1;
    return ucdata;
}


/* * * * * * * * * * * * * * * * * * * * * * * * * * * * * * */
//程序名称:WriteRegister
//功能:写一字节到 DS1302 寄存器
//输入参数:addr 写入寄存器地址 ucdata 写入数据
//输出参数:无
/* * * * * * * * * * * * * * * * * * * * * * * * * * * * * * */
void WriteRegister(uchar addr,uchar ucdata)
{
    T_RST = 0;
    T_CLK = 0;
    T_RST = 1;
    WriteByte(addr);                    //地址
    WriteByte(ucdata);                  //数据
    T_CLK = 1;
```

```
        T_RST = 0;
}
//
/* * * * * * * * * * * * * * * * * * * * * * * * * * * * * * * * * * * */
//程序名称:ReadRegister
//功能:读 DS1302 寄存器的一字节
//输入参数:addr 读取寄存器地址
//输出参数:返回读取的字节
/* * * * * * * * * * * * * * * * * * * * * * * * * * * * * * * * * * * */
uchar ReadRegister( uchar addr )
{
        uchar ucdata = 0;
        T_RST = 0;
        T_CLK = 0;
        T_RST = 1;
        WriteByte( addr );
        ucdata = ReadByte( );
        T_CLK = 1;
        T_RST = 0;
        return( ucdata );
}




/* * * * * * * * * * * * * * * * * * * * * * * * * * * * * * * * * * * */
//程序名称:ReadSecond
//功能:读秒寄存器
//输入参数:无
//输出参数:返回秒 BCD 码
/* * * * * * * * * * * * * * * * * * * * * * * * * * * * * * * * * * * */
uchar ReadSecond( void )
{
        uchar ucdata;
        ucdata = ReadRegister( 0x81 );
        return( ucdata );
}


/* * * * * * * * * * * * * * * * * * * * * * * * * * * * * * * * * * * */
//程序名称:ReadMinute
```

```
//功能:读分钟寄存器
//输入参数:无
//输出参数:返回分钟 BCD 码
/* * * * * * * * * * * * * * * * * * * * * * * * * * * * * * * * * * * */
uchar ReadMinute( void)
{
    uchar ucdata;
    ucdata = ReadRegister( 0x83) ;
    return( ucdata) ;
}


/* * * * * * * * * * * * * * * * * * * * * * * * * * * * * * * * * * * */
//程序名称:ReadHour
//功能:读小时寄存器
//输入参数:无
//输出参数:返回小时 BCD 码
/* * * * * * * * * * * * * * * * * * * * * * * * * * * * * * * * * * * */
uchar ReadHour( void)
{
    uchar ucdata;
    ucdata = ReadRegister( 0x85) ;
    return( ucdata) ;
}



/* * * * * * * * * * * * * * * * * * * * * * * * * * * * * * * * * * * */
//程序名称:ReadDay
//功能:读日期寄存器
//输入参数:无
//输出参数:返回日期 BCD 码
/* * * * * * * * * * * * * * * * * * * * * * * * * * * * * * * * * * * */
uchar ReadDay( void)
{
    uchar ucdata;
    ucdata = ReadRegister( 0x87) ;
    return( ucdata) ;
}
/* * * * * * * * * * * * * * * * * * * * * * * * * * * * * * * * * * * */
//程序名称:ReadMonth
```

```
//功能:读月寄存器
//输入参数:无
//输出参数:返回月 BCD 码
/* * * * * * * * * * * * * * * * * * * * * * * * * * * * * * * * * */
uchar ReadMonth(void)
{
    uchar ucdata;
    ucdata = ReadRegister(0x89);
    return(ucdata);
}


/* * * * * * * * * * * * * * * * * * * * * * * * * * * * * * * * * */
//程序名称:ReadYear
//功能:读年寄存器
//输入参数:无
//输出参数:返回年 BCD 码
/* * * * * * * * * * * * * * * * * * * * * * * * * * * * * * * * * */
uchar ReadYear()
{
    uchar ucdata;
    ucdata = ReadRegister(0x8d);
    return(ucdata);
}


/* * * * * * * * * * * * * * * * * * * * * * * * * * * * * * * * * */
//程序名称:WriteSecond
//功能:写秒寄存器
//输入参数:　num 写入秒 BCD 码
//输出参数:无
/* * * * * * * * * * * * * * * * * * * * * * * * * * * * * * * * * */
void WriteSecond(uchar num)
{
    WriteRegister(0x80,num);
}


/* * * * * * * * * * * * * * * * * * * * * * * * * * * * * * * * * */
//程序名称:WriteMinute
//功能:写分钟寄存器
//输入参数:　num 写入分钟 BCD 码
```

```
//输出参数:无
/ * * * * * * * * * * * * * * * * * * * * * * * * * * * * * * * * * * * * *
*/
void WriteMinute( uchar num)
{
    WriteRegister( 0x82,num) ;
}


/ * * * * * * * * * * * * * * * * * * * * * * * * * * * * * * * * * * * * */
//程序名称:WriteHour
//功能:写小时寄存器
//输入参数:  num 写入小时 BCD 码
//输出参数:无
/ * * * * * * * * * * * * * * * * * * * * * * * * * * * * * * * * * * * * */
void WriteHour( uchar num)
{
    WriteRegister( 0x84,num) ;
}


/ * * * * * * * * * * * * * * * * * * * * * * * * * * * * * * * * * * * * */
//程序名称:WriteDay
//功能:写日期寄存器
//输入参数:  num 写入日期 BCD 码
//输出参数:无
/ * * * * * * * * * * * * * * * * * * * * * * * * * * * * * * * * * * * * */
void WriteDay( uchar num)
{
    WriteRegister( 0x86,num) ;
}


/ * * * * * * * * * * * * * * * * * * * * * * * * * * * * * * * * * * * * */
//程序名称:WriteMonth
//功能:写月寄存器
//输入参数:  num 写入月 BCD 码
//输出参数:无
/ * * * * * * * * * * * * * * * * * * * * * * * * * * * * * * * * * * * * */
void WriteMonth( uchar num)
{
    WriteRegister( 0x88,num) ;
```

```
}
/* * * * * * * * * * * * * * * * * * * * * * * * * * * * * * * * * * */
//程序名称:WriteYear
//功能:写年寄存器
//输入参数:　num 写入年 BCD 码
//输出参数:无
/* * * * * * * * * * * * * * * * * * * * * * * * * * * * * * * * * * */
void WriteYear( uchar num)
{
    WriteRegister(0x8c,num) ;
}


/* * * * * * * * * * * * * * * * * * * * * * * * * * * * * * * * * * */
//程序名称:DisableWP
//功能:取消写保护,允许写操作
//输入参数:　无
//输出参数:无
/* * * * * * * * * * * * * * * * * * * * * * * * * * * * * * * * * * */
void DisableWP( void)
{
    WriteRegister(0x8e,0x00) ;
}


/* * * * * * * * * * * * * * * * * * * * * * * * * * * * * * * * * * */
//程序名称:EnableWP
//功能:设置写保护,不允许写
//输入参数:　无
//输出参数:无
/* * * * * * * * * * * * * * * * * * * * * * * * * * * * * * * * * * */
void EnableWP( void)
{
    WriteRegister(0x8e,0x80) ;
}


/* * * * * * * * * * * * * * * * * * * * * * * * * * * * * * * * * * */
//程序名称:Timer0_Int 定时器 0 中断服务
//功能:100ms 中断一次
//输入参数:　无
```

```
//输出参数:无
/ * * * * * * * * * * * * * * * * * * * * * * * * * * * * * * * * * * /
void Timer0_Int(void)interrupt 1 using 0
{
    static uchar count = 0;
    TH0 = T0_10msH;                        //重设初值
    TL0 = T0_10msL;

    count + + ;
    if( count >= 10)
    {
        bitflash = ~ bitflash;             //设置闪烁标志

        if( bitstartstop)
        {
            s_100ms + + ;
            if( s_100ms >= 10)
            {
                s_100ms = 0;
                s_sec + + ;
            }

            if( s_sec >= 60)
            {
                s_sec = 0;
                s_min + + ;
            }

            if( s_min >= 60)
            {
                s_min = 0;
            }
        }
        count = 0;
    }
}
```

160

8.3　A/D 和 D/A 综合应用系统设计

系统要求实现的功能：①采集两路不同的电压信号并显示；②控制一路电压输出；③可以通过键盘设定一路电压值的报警上、下限，并实现报警；④通过上位机发送不同指令，传送不同通道的采样值。

8.3.1　系统需求分析

根据以上功能要求分析：

①实现两路模拟采集，应扩展具有多路输入的 A/D 接口芯片。

②实现电压控制，应扩展一片 D/AC 芯片。

③实现报警上、下限及报警开关的设置，应扩展键盘。

④实现采集电显示应扩展显示器。

⑤实现单片机发送不同通道采集值，应串口功能。

8.3.2　系统设计

（1）A/D 和 D/A 硬件设计

系统采用80C51 为主控芯片，扩展具有 8 路输入的 A/D 接口芯片 ADC0808 完成两路电压采样，扩展一片 I2C 总线的 D/A 芯片 MAX517 控制输出电压值，扩展 LCD1602 用于电压值显示，扩展 3 个独立按键用于报警限、报警开关以及系统工作模式的设定。利用 51 单片机的串行接口连接 RS232 转换接口实现远程串行数据传送。可用串行工具实现与单片机通信，接收字符"0"，单片机发送 0 通道值，接收字符"1"，单片机发送 1 通道值，详细原理如图8.3 所示。

（2）A/D 和 D/A 系统软件设计

系统软件主要包括：主程序；A/D 转换函数 adc0808；LCD 相关的显示函数：LCD 初始化函数 lcd_init，LCD 写命令函数 write_lcd_command，LCD 写数据函数 write_lcd_data，报警开关状态转换显示字符串函数 alarmonoff_to_string，报警数据设置转换显示字符串函数 alarmdata_to_string，采样数据转换显示字符串函数 data_to_string，LCD 显示字符串函数 string；MAX517 相关的 D/A 转换函数：I2C 总线启动、应答和停止函数 I2C_start、I2C_ack、和 I2C_stop，I2C 数据发送函数 I2C_send，D/A 转换函数 dac_out；键盘扫描函数 button_scan；串口通信函数 com_send；系统初始化 sys_init 和延时程序 delay。主程序实现系统状态监视并调用不同的功能，具体实现如图8.4 所示。系统串行通信采用了中断方式实现。软件的详细实现，请阅读下面完整源代码。

（3）A/D 和 D/A 系统软件设计

系统软件主要包括：主程序；A/D 转换函数 adc0808；LCD 相关的显示函数：LCD 初始化函数 lcd_init，LCD 写命令函数 write_lcd_command，LCD 写数据函数 write_lcd_data，报警开关状态转换显示字符串函数 alarmonoff_to_string，报警数据设置转换显示字符串函数 alarmdata_to_string，采样数据转换显示字符串函数 data_to_string，LCD 显示字符串函数 string；MAX517 相关的 D/A 转换函数：I2C 总线启动、应答和停止函数 I2C_start、I2C_ack、和 I2C_stop，I2C 数据发送函数 I2C_send，D/A 转换函数 dac_out；键盘扫描函数 button_scan；串口通讯函数 com_send；系统初始化 sys_init 和延时程序 delay。主程序实现系统状态监视并调用不同的功能，具体实现如图 8.4 所示。系统串行通信采用了中断方式实现。以双通道监测系统为例,软件的详细实现请阅读下面完整源代码。

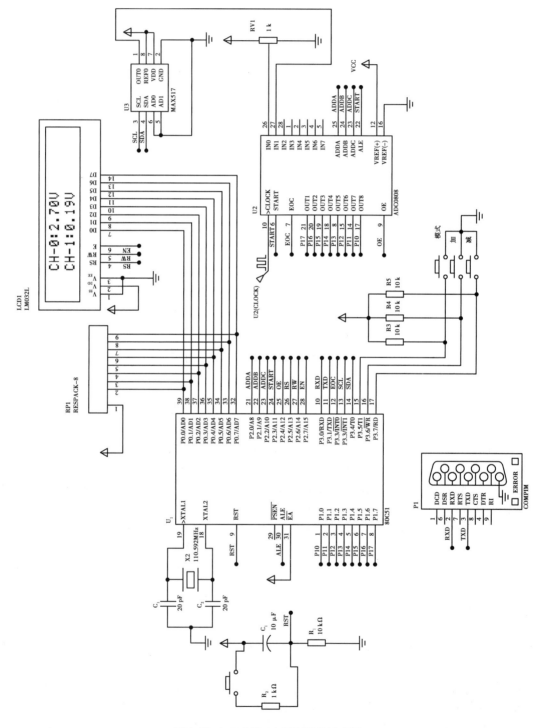

图 8.3 A/D 和 D/A 系统硬件原理图

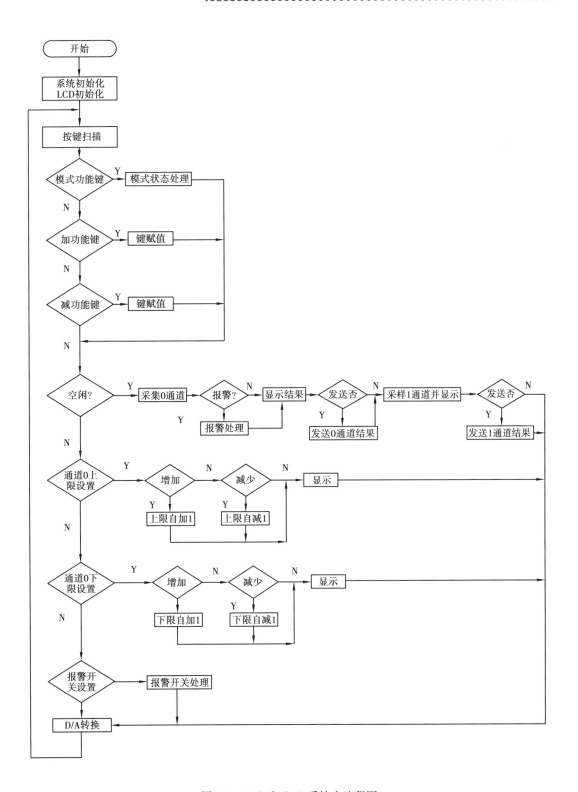

图 8.4　A/D 和 D/A 系统主流程图

系统完整的源代码如下。

```
//= = = = = = = = = = = = = = = = = = = = = = = = = = = = = = = = = = = = = = = = = = = = = = =
//        双通道监测系统实例
//        ADC0808 + MAX517 + LCD1602 + 232COM
//        采样两路模拟信号,同时显示在 1602;
//        通道 0 采集电压值,可用按键设定上、下限及报警开关
//        通道 1 采集 DAC 芯片产生的电压值;
//        由串口接收命令,单片机发送不同通道采集值;
//        可用串行工具实现与单片机通信
//        接收字符"0",单片机发送 0 通道值
//        接收字符"1",单片机发送 1 通道值
//= = = = = = = = = = = = = = = = = = = = = = = = = = = = = = = = = = = = = = = = = = = = = = =
#include < reg52. h >
#include < math. h >
#include  < stdio. h >
#include  < intrins. h >
#include < absacc. h >

#define uchar unsigned char
#define uint unsigned int

//= = = = = = = = = = = = = = ADC0808 定义 = = = = = = = = = = = = = = = = =

#define AD_PORT P1 ;                            //数据口 P1

//通道选择位
sbit ADD_A = P2^0 ;
sbit ADD_B = P2^1 ;
sbit ADD_C = P2^2 ;
//启动和地址锁存
sbit START = P2^3 ;
sbit OE = P2^4 ;
//转换结束
sbit EOC = P3^2 ;
//报警上下限初值
uint ch0_uplim = 260 ;
uint ch0_downlim = 50 ;
```

```
//报警标志位
bit bitalarmflag = 0;
//通道号
uchar chno;

//A/D 转换函数
uchar adc0808(uchar ch);

// = = = = = = = = = = LCD1602 定义 = = = = = = = = = = = = = = = = = = =
#define DATA_BUS P0                    //定义数据端口 P0

sbit LCD_RS = P2^5;                    //LCD 数据/命令选择信号
sbit LCD_RW = P2^6;                    //LCD 读写选择控制
sbit LCD_EN = P2^7;                    //LCD 使能信号
//LCD 显示缓存
uchar dispbuff[16] = "CH - 0:0.00V";

void lcd_init();                       //LCD 初始化函数
void write_lcd_command(uchar);         //写命令函数
void write_lcd_data(uchar);            //写数据函数

//报警开关状态转换显示字符串
void alarmonoff_to_string(uchar chno, bit alarmflag);
//报警数据设置转换显示字符串
void alarmdata_to_string(uchar chno, uint value, bit bitset);
//采样数据转换显示字符串
void data_to_string(uchar chno, uint value, uchar status);

void string(uchar ad, uchar *s);       //显示字符串

// = = = = = = = = = = MAX517 定义 D/A = = = = = = = = = = = = = = = = = = =
//I2C 总线
sbit SCL = P3^3;
sbit SDA = P3^4;

//I2C 总线启动、应答和停止
void I2C_start(void);
void I2C_ack(void);
void I2C_stop(void);
```

165

```
//I2C 数据发送
void I2C_send(uchar dat);
//D/A 转换函数
void dac_out(uchar dat);


// = = = = = = = = = =键盘定义 = = = = = = = = = = = = = = = =
//按键定义
sbit MODEKEY = P3^5;                        //模式键
sbit ADDKEY    = P3^6;                       //加键
sbit MINUSKEY = P3^7;                       //减键


//键盘扫描函数
uchar button_scan(void);


// = = = = = = = = = =串口通信 = = = = = = = = = = = = = = = = = = = =
= =
void com_send(uchar * str);
// = = = = = = = = = = =系统 = = = = = = = = = = = = = = = = = = = =
= =
//系统模式
#define IDLE 0x01                            //空闲
#define CH0UPLIM 0x02                        //通道 0 上限设置
#define CH0DOWNLIM 0x03                      //通道 0 下限设置
#define CH0ALARM 0x04                        //通道 0 报警开关设置


void sys_init();                             //系统初始化


void delay(uint n);                          //延时程序


/ * * * * * * * * * * * * * * * * * * * * * * * * * * * * * * * * * * *
* * * * * * * /
//程序名:main 主程序
//功能:扫描键盘,根据系统模式分别实现采样
//       设置上下限、报警开关、数据传送、D/A 输出
//输入参数:无
//输出参数:无
/ * * * * * * * * * * * * * * * * * * * * * * * * * * * * * * * * * * *
* * * * * * * /
void main(void)
```

```
{
    uchar temp;
    uint voltage;
    uchar keyvalue;
    uchar mode = IDLE;
    uchar i;
    chno = 0;
    sys_init();          //初始化系统
    lcd_init();          //初始化液晶

    while(1)
    {

        switch(button_scan())
        {
            case 0x01:
            if(mode = = IDLE)
                mode = CH0UPLIM;
            else if(mode = = CH0UPLIM)
                mode = CH0DOWNLIM;
            else if(mode = = CH0DOWNLIM)
                mode = CH0ALARM;
            else if(mode = = CH0ALARM)
                mode = IDLE;

            write_lcd_command(0x01);          //清屏
            break;
        case 0x02:
            keyvalue = 0x02;
            break;
        case 0x03:
            keyvalue = 0x03;
            break;
        default:
            break;
    }
}

switch(mode)
{
```

```
        case IDLE：

                temp = adc0808(0)；
                voltage = temp * 100/51；   // temp * 5.0/255 * 100

                if( bitalarmflag)
                {
                    if( voltage > ch0_uplim)
                        data_to_string(0,voltage,1)；
                    else if( voltage < ch0_downlim)
                        data_to_string(0,voltage,2)；
                }
                else
                    data_to_string(0,voltage,0)；

                string(0x83,dispbuff)；

                if( chno = =0)
                    com_send(dispbuff)；              //发送 CH0 数据


                temp = adc0808(1)；
                voltage = temp * 100/51；           // temp * 5.0/255 * 100

                data_to_string(1,voltage,0)；
                string(0xC3,dispbuff)；

                if( chno = =1)
                    com_send(dispbuff)；              //发送 CH1 数据
            break；

        case CH0UPLIM：
            if( keyvalue = =0x02)
            {
                ch0_uplim + +；
                if( ch0_uplim > =500)
                    ch0_uplim =500；
            }
            else if( keyvalue = =0x03)
```

```
        {
            ch0_uplim - - ;
            if( ch0_uplim  < = 250 )
                ch0_uplim = 250 ;
        }
        alarmdata_to_string( 0 , ch0_uplim , 1 ) ;
        string( 0x83 , dispbuff ) ;
        keyvalue = 0 ;
        break ;
case CH0DOWNLIM :

        if( keyvalue = = 0x02 )
        {
            ch0_downlim + + ;
            if( ch0_downlim  > = 250 )
              ch0_downlim = 250 ;
        }
        else if( keyvalue = = 0x03 )
        {
            ch0_downlim - - ;
            if( ch0_downlim  < = 10 )
                ch0_downlim = 10 ;
        }
        alarmdata_to_string( 0 , ch0_downlim , 0 ) ;
        string( 0x83 , dispbuff ) ;
        keyvalue = 0 ;
        break ;


case CH0ALARM :
    if( ( keyvalue = = 0x02 ) | | ( keyvalue = = 0x03 ) )
    {
        bitalarmflag = ~ bitalarmflag ;
    }
    alarmonoff_to_string( 0 , bitalarmflag ) ;
    string( 0x83 , dispbuff ) ;
    keyvalue = 0 ;
    break ;
default :
    break ;
```

```
        }

    i + + ;
    dac_out(i);              //D/A 输出

      }

  }


/ * * * * * * * * * * * * * * * * * * * * * * * * * * * * * * * * * * * *
* * * * * * */
//程序名:sys_int
//功能:对串口和中断进行初始化
//输入参数:无
//输出参数:无
/ * * * * * * * * * * * * * * * * * * * * * * * * * * * * * * * * * * * *
* * * * * * */
void sys_init( )              //初始化系统
  {
    SM0 = 0;
    SM1 = 1;                  //设置为方式 1 模式,10 位异步收发,波特率可变
    REN = 1;                  //REN 串行口接收控制位,为 1 允许接收,为 0 禁止接收

    TI = 0;                   //发送中断标志
    RI = 0;                   //接收中断标志
    PCON = 0;                 //置 SMOD 为 0
    TH1 = 0xF4;
    TL1 = 0xF4;               //11.0592,波特率 2400 初值
    TMOD = 0x21;              //设置定时器 1 方式 2 模式 设置定时器 0 模式为方式 1

    ET1 = 0;                  //关闭定时器 1 中断
    ES = 1;                   //允许串口中断
    TR1 = 1;                  //启动定时器 1
    EA = 1;                   //开总中断

  }
/ * * * * * * * * * * * * * * * * * * * * * * * * * * * * * * * * * * * *
* * * * * * */
//程序名:com_send
```

//功能:采用查询方式发送
//输入参数:＊str 待发送的字符串指针
//输出参数:无
/＊＊＊＊＊＊＊＊＊＊＊＊＊＊＊＊＊＊＊＊＊＊＊＊＊＊＊＊＊＊＊＊＊＊
＊＊＊＊＊＊＊/

```
void com_send( uchar ＊str)　　//单片机发送
{
    while( ＊str ＞ 0)
    {
        TI = 0;
        SBUF = ＊str ＋ ＋;
        while( ! TI);
        TI = 0;
        delay( 10);
    }
    TI = 0;
}
```

/＊＊＊＊＊＊＊＊＊＊＊＊＊＊＊＊＊＊＊＊＊＊＊＊＊＊＊＊＊＊＊＊＊＊
＊＊＊＊＊＊＊/
//程序名:srieal_interrupt
//功能:串口接收中断,接收上位机发送的传送通道号
//输入参数:无
//输出参数:chno 发送通道号改变
/＊＊＊＊＊＊＊＊＊＊＊＊＊＊＊＊＊＊＊＊＊＊＊＊＊＊＊＊＊＊＊＊＊＊
＊＊＊＊＊＊＊/

```
void srieal_interrupt( )interrupt 4    using 1
{
    uchar temp;
    temp = SBUF;
    RI = 0;
    chno = temp − ´0´;
    if(( chno ＜ 0) | | ( chno ＞ 1))
        chno = 0;
}
```

/＊＊＊＊＊＊＊＊＊＊＊＊＊＊＊＊＊＊＊＊＊＊＊＊＊＊＊＊＊＊＊＊＊＊

```
* * * * * * */
//程序名:delay
//功能:延时函数
//输入参数:k 延时长度
//输出参数:无
/* * * * * * * * * * * * * * * * * * * * * * * * * * * * * * * * * *
* * * * * * */
void delay(uint k)
{
    uchar i;
    while(k - -)
    {
        for(i = 0; i < 40;i + +);
    }
}



/* * * * * * * * * * * * * * * * * * * * * * * * * * * * * * * * * *
* * * * * * */
//程序名:adc0808
//功能:转换指定通道号的模拟量
//输入参数:chno 通道号
//输出参数:返回转换的数字量
/* * * * * * * * * * * * * * * * * * * * * * * * * * * * * * * * * *
* * * * * * */
uchar adc0808(uchar ch)
{
    uchar dat;

    //通道设置
    switch(ch)
    {
        case 0:ADD_A = 0;ADD_B = 0;ADD_C = 0; break; //IN0
        case 1:ADD_A = 1;ADD_B = 0;ADD_C = 0; break; //IN1
        case 2:ADD_A = 0;ADD_B = 1;ADD_C = 0; break; //IN2
        case 3:ADD_A = 1;ADD_B = 1;ADD_C = 0; break; //IN3
        case 4:ADD_A = 0;ADD_B = 0;ADD_C = 1; break; //IN4
        case 5:ADD_A = 1;ADD_B = 0;ADD_C = 1; break; //IN5
        case 6:ADD_A = 0;ADD_B = 1;ADD_C = 1; break; //IN6
```

```
        case 7:ADD_A = 1;ADD_B = 1;ADD_C = 1; break; //IN7
        default:ADD_A = 0;ADD_B = 0;ADD_C = 0; break; //其他情况
    }


    START = 1;
    START = 0;
    delay(20);              //等待转换完成
                            //   while(EOC)
    OE = 1;                 //允许数据输出
    dat = AD_PORT;
    delay(20);
    OE = 0;
    START = 0;
    return dat;
}


/ * * * * * * * * * * * * * * * * * * * * * * * * * * * * * * * *
* * * * * * */
//程序名:data_to_string
//功能:将 A/D 转换值变成显示字符串
//输入参数:chno 通道号
//          value 采样值
//          status 是否超限状态
//输出参数:无
/ * * * * * * * * * * * * * * * * * * * * * * * * * * * * * * * *
* * * * * * */
void data_to_string(uchar chno,uint value,uchar status)
{
    dispbuff[0] = 'C';
    dispbuff[1] = 'H';
    dispbuff[2] = '-';
    dispbuff[3] = '0' + chno;
    dispbuff[4] = ':';
    dispbuff[5] = '0' + value/100;          //整数位
    dispbuff[6] = '.';
    dispbuff[7] = '0' + (value%100)/10;     //小数点后第一位
    dispbuff[8] = '0' + value%10;           //小数点后第二位
    dispbuff[9] = 'V';
```

```
        dispbuff[10] = ' ';
        if( status = = 1 )                          //超上限
        {
            dispbuff[11] = 'U';
            dispbuff[12] = 'P';
        }
        else if( status = = 2 )                     //超下限
        {
            dispbuff[11] = 'D';
            dispbuff[12] = 'N';
        }
        else   //正常
        {
            dispbuff[11] = ' ';
            dispbuff[12] = ' ';
        }
        dispbuff[13] = 0x00;                         //串结束标志

}
/* * * * * * * * * * * * * * * * * * * * * * * * * * * * * * * * * *
* * * * * * */
    //程序名:alarmdata_to_string
    //功能:将设定报警值变成显示字符串
    //输入参数:chno 通道号
    //          value 设定报警值
    //          bitset 上下限标志位
    //输出参数:无
/* * * * * * * * * * * * * * * * * * * * * * * * * * * * * * * * * *
* * * * * * */
    void alarmdata_to_string( uchar chno, uint value, bit bitset)
    {
        dispbuff[0] = 'A';
        dispbuff[1] = 'l';
        dispbuff[2] = 'm';
        dispbuff[3] = '0' + chno;
        dispbuff[4] = ':';
        if( bitset)
        {
            dispbuff[5] = 'U';
```

```
        dispbuff[6] = 'p';
    }
    else
    {
        dispbuff[5] = 'D';
        dispbuff[6] = 'n';
    }
    dispbuff[7] = ' ';
    dispbuff[8] = '0' + value/100;                    //整数位
    dispbuff[9] = '.';
    dispbuff[10] = '0' + (value%100)/10;              //小数点后第一位
    dispbuff[11] = '0' + value%10;                    //小数点后第二位 0x00;
    dispbuff[12] = 'V';
    dispbuff[13] = 0x00;
}
```

```
// = = = = = = = = = = = = = =报警标志设定 = = = = = = = = = = = = = = = = = = =
= =
/* * * * * * * * * * * * * * * * * * * * * * * * * * * * * * * * * * * * * * *
* * * * * * */
//程序名:alarmonoff_to_string
//功能：  将设定报警开关变成显示字符串
//输入参数:chno 通道号
//          alarmflag 报警开关标志位
//输出参数:无
/* * * * * * * * * * * * * * * * * * * * * * * * * * * * * * * * * * * * * * *
* * * * * * */
void alarmonoff_to_string(uchar chno,bit alarmflag)
{
    dispbuff[0] = 'C';
    dispbuff[1] = 'H';
    dispbuff[2] = '-';
    dispbuff[3] = '0' + chno;
    dispbuff[4] = ':';
    dispbuff[5] = 'A';
    dispbuff[6] = 'l';
    dispbuff[7] = 'm';
    dispbuff[8] = ' ';
```

```
    if( alarmflag)                          //报警开
    {
        dispbuff[9] = 'O';
        dispbuff[10] = 'N';
        dispbuff[11] = ' ';
    }
    else                                     //报警关
    {
        dispbuff[9] = 'O';
        dispbuff[10] = 'F';
        dispbuff[11] = 'F';
    }
    dispbuff[12] = 0;
}
```

```
/ * * * * * * * * * * * * * * * * * * * * * * * * * * * * * * * * * * * *
* * * * * * * /
    //程序名:lcd_int
    //功能:对 lcd 显示初始化
    //输入参数:无
    //输出参数:无
/ * * * * * * * * * * * * * * * * * * * * * * * * * * * * * * * * * * * *
* * * * * * * /
    void lcd_init( )
    {
        write_lcd_command(0x38);         //设置显示模式:16X2,5X7,8 位数据接口
        write_lcd_command(0x08);         //关显示
        write_lcd_command(0x01);         //清屏
        write_lcd_command(0x0C);         //开显示,显示光标,光标闪烁
        write_lcd_command(0x06);          //读写一个字符后,地址指针及光标加
一,且光标加一整屏显示不移动
        write_lcd_command(0x80);         //设置光标指针
        string(0x83,"Welcom to you!");
        delay(100);
        write_lcd_command(0x01);         //清屏

    }
```

```
/ * * * * * * * * * * * * * * * * * * * * * * * * * * * * * * * * * * *
* * * * * * * /
//程序名:check_lcd_busy
//功能:检查 lcd 忙位
//输入参数:无
//输出参数:无
/ * * * * * * * * * * * * * * * * * * * * * * * * * * * * * * * * * * *
* * * * * * * /
void check_lcd_busy( void)
{
    do
    {
        DATA_BUS = 0xff;
        LCD_EN = 0;
        LCD_RS = 0;
        LCD_RW = 1;
        LCD_EN = 1;
        _nop_( );
    } while( DATA_BUS & 0x80);
    LCD_EN = 0;
}


/ * * * * * * * * * * * * * * * * * * * * * * * * * * * * * * * * * * *
* * * * * * * /
//程序名:write_lcd_command
//功能:写命令函数
//输入参数:com 写入命令
//输出参数:无
/ * * * * * * * * * * * * * * * * * * * * * * * * * * * * * * * * * * *
* * * * * * * /
void write_lcd_command( uchar com)
{
    check_lcd_busy( );
    LCD_EN = 0;
    LCD_RS = 0;                      //低电平写命令
    LCD_RW = 0;
    DATA_BUS = com;                  //写入命令,DATA_PORT 为数据端口

    LCD_EN = 1;                      //LCD 使能端置高电平
```

```
        _nop_();                              //延时约 5ms
        LCD_EN = 0;                           //LCD 使能端拉低电平
        _nop_();
    }


/* * * * * * * * * * * * * * * * * * * * * * * * * * * * * * * * * * * * *
* * * * * * */
    //程序名:write_lcd_data
    //功能:写数据函数
    //输入参数:dat 写入数据
    //输出参数:无
/* * * * * * * * * * * * * * * * * * * * * * * * * * * * * * * * * * * * *
* * * * * * */
    void write_lcd_data(uchar dat)
    {
        check_lcd_busy();
        LCD_EN = 0;
        LCD_RS = 1;                           //高电平写数据
        LCD_RW = 0;
        DATA_BUS = dat;                       //写入数据,DATA_BUS 为数据端口

        LCD_EN = 1;                           //LCD 使能端置高电平
        _nop_();                              //延时约 5ms
        LCD_EN = 0;                           //LCD 使能端拉低电平
        _nop_();
    }


/* * * * * * * * * * * * * * * * * * * * * * * * * * * * * * * * * * * * *
* * * * * * */
    //程序名:string
    //功能:在指定开始地址显示字符串
    //输入参数:ad 显示开始地址
    //        *s 显示字符串指针
    //输出参数:无
/* * * * * * * * * * * * * * * * * * * * * * * * * * * * * * * * * * * * *
* * * * * * */
    void string(uchar ad, uchar *s)
    {
        write_lcd_command(ad);                //写地址
```

178

```
    while( ∗s > 0)
    {
      write_lcd_data( ∗s + +) ;                    //写数据
      delay(100) ;
      }
  }
```

```
  /* * * * * * * * * * * * * * * * * * * * * * * * * * * * * * * * * * *
* * * * * * */
  //程序名:button_scan
  //功能:键扫描,获取键值
  //输入参数:无
  //输出参数:键值 模式 0x01 加 0x02 减 0x03 无效 0xFF
  /* * * * * * * * * * * * * * * * * * * * * * * * * * * * * * * * * * *
* * * * * * */
  uchar button_scan( void)
  {
      uchar keyvalue = 0xFF;
      if( ! MODEKEY)
      {
          //delay(10) ;
          while( ! MODEKEY)
          keyvalue = 0x01 ;
      }

      if( ! ADDKEY)
      {
          //delay(10) ;
          while( ! ADDKEY)
          keyvalue = 0x02 ;
      }

      if( ! MINUSKEY)
      {
          //delay(10) ;
          while( ! MINUSKEY)
          keyvalue = 0x03 ;
      }
```

```
        return keyvalue;
    }


    // = = = = = = = = = = = = = = = MAX517 = = = = = = = = = = = = = = = = = = = = = = =
= = = =
    /* * * * * * * * * * * * * * * * * * * * * * * * * * * * * * * * * * * * * * * *
* * * * * * */
    //程序名:dac_out    DA 转换函数
    //功能:根据输入数字值转化为对应电压值
    //输入参数:dat 数字值
    //输出参数:无
    /* * * * * * * * * * * * * * * * * * * * * * * * * * * * * * * * * * * * * * * *
* * * * * * */
    void dac_out(uchar dat)
    {
        I2C_start();                            //启动 I2C
        I2C_send(0x58);                         //发送地址
        I2C_ack();                              //应答
        I2C_send(0x00);                         //发送命令
        I2C_ack();                              //应答
        I2C_send(dat);                          //发送数据
        I2C_ack();                              //应答
        I2C_stop();                             //结束一次转换
    }


    /* * * * * * * * * * * * * * * * * * * * * * * * * * * * * * * * * * * * * * * *
* * * * * * */
    //程序名:I2C_start
    //功能:I2C 启动函数
    //输入参数:无
    //输出参数:无
    /* * * * * * * * * * * * * * * * * * * * * * * * * * * * * * * * * * * * * * * *
* * * * * * */
    void I2C_start(void)
    {
        SDA = 1;
        SCL = 1;
        _nop_();
        SDA = 0;
```

```
        _nop_();
    }


/* * * * * * * * * * * * * * * * * * * * * * * * * * * * * * * * * *
* * * * * * * */
    //程序名:I2C_stop
    //功能:I2C 停止函数
    //输入参数:无
    //输出参数:无
/* * * * * * * * * * * * * * * * * * * * * * * * * * * * * * * * * *
* * * * * * * */
    void I2C_stop(void)
    {
        SDA = 0;
        SCL = 1;
        _nop_();
        SDA = 1;
        _nop_();
    }


/* * * * * * * * * * * * * * * * * * * * * * * * * * * * * * * * * *
* * * * * * * */
    //程序名:I2C_ack
    //功能:I2C 应答函数
    //输入参数:无
    //输出参数:无
/* * * * * * * * * * * * * * * * * * * * * * * * * * * * * * * * * *
* * * * * * * */
    void I2C_ack(void)
    {
        SDA = 0;
        _nop_();
        SCL = 1;
        _nop_();
        SCL = 0;
    }


/* * * * * * * * * * * * * * * * * * * * * * * * * * * * * * * * * *
* * * * * * * */
```

```
//程序名:I2C_send
//功能:I2C 数据发送函数
//输入参数:无
//输出参数:无
/ * * * * * * * * * * * * * * * * * * * * * * * * * * * * * * * * *
* * * * * * * /
void I2C_send(uchar dat)
{
    uchar i;
    for( i = 0;i < 8;i + + )
    {
        SCL = 0;
        if((dat & 0x80) = = 0x80)
            SDA = 1;
        else
            SDA = 0;
        SCL = 1;
        dat = dat  < < 1;
    }
    SCL = 0;
}
```

小　结

　　本章主要讲解了单片机应用系统设计基本方法和步骤。通过时钟秒表设计、A/D 与 D/A 综合应用系统设计两个实例,对单片机在系统设计中的综合应用进行了讲解。这两个实例具有比较强的实用性,可以转换为实际应用。

习　题

1. 将书中时钟秒表系统中的显示部分改为 LCD,重新设计。
2. 根据双通道监测系统实例设计温湿度测试系统。

参考文献

［1］曹龙汉.MCS-51 单片机原理及应用［M］.重庆:重庆出版社,2004.

［2］迟忠君.单片机应用技术［M］.北京:北京邮电大学出版社,2013.

［3］马忠梅,籍顺心,张凯等.单片机的 C 语言应用程序设计［M］.北京:北京航空航天大学出版社,2001.

［4］彭芬.单片机 C 语言应用技术［M］.西安:西安电子科技大学出版社,2012.

［5］丁向荣.单片机原理与应用:基于可在线仿真的 STC15F2K60S2 单片机［M］.北京:清华大学出版社,2015.

［6］李文华.单片机应用技术(C 语言版)［M］.大连:大连理工大学出版社,2014.

［7］谷秀容.单片机原理与应用(C51 版)［M］.北京:北京交通大学出版社,2009.